**그림으로 읽는**

# 잠 못들 정도로 재미있는 이야기

# 통계학

**고미야마 히로히토** 감수 | **정석오** 감역 | **박수현** 옮김

BM (주)도서출판 **성안당**

중학교에서 배운 방정식처럼 명확한 결과가 나오는 '수학'과 달리, '통계'와 '확률'은 왠지 모르게 애매한 부분이 있는 학문이다. 게다가 익숙하지 않은 기호가 많이 나와서 멀리하게 되기도 한다. 그렇지만 우리의 일상생활을 돌아보면, 통계와 확률의 도움을 받는 일이 얼마나 많은지 알게 된다.

통계와 확률은 고등학교에서 배우는 수학의 중심이자, 생활에 가장 밀착된 학문이다. 많은 자료(데이터)를 수집하고, 어떠한 경향이 있는지 조사하는 것이 '통계학'이다. 입시 때 많은 사람이 접하는 '편차치(일본의 학력 표준 점수를 말한다-역주)'는 전체 학생 중에서 자신이 어느 정도 위치에 있는지 알 수 있는 통계 수치이다.

의학 분야에서는 꽤 오래전부터 통계를 이용한 연구가 활발히 진행되고 있다. 영국인 의사 '존 스노우'는 콜레라균이 발견되기도 전에 콜레라와 음료수의 상관관계를 발견했다. 현재는 암의 예방과 발병 원인을 알아보기 위해 통계학이 대활약 중인데, 예를 들어 담배, 석면과 폐암의 관계에 대한 조사가 유명하다. 이러한 역학 조사는 상관관계만 알아내는 데에 그치지 않고, 이를 계기로 병에 걸리는 직접적인 원인 조사로 이어진다. 이제 암은 세포와 DNA 연구 단계로 진입하여 근본적인 인과관계를 해명하고자 하고 있다.

교육 분야에서도 통계학이 주목받고 있다. 어떠한 환경과 조건에서 '학력과 능력'이 향상되는지에 대한 조사가 이미 시작됐다. 그 결과 책 많이 읽기, 부모와 자식 간에 대화 많이 나누기, 미술관과 음악회 즐기기, 아침 먹기 등의 행동과 학력의 관계가 깊다는 점이 통계로 나타나고 있다. 아직 인과관계는 확실히 밝혀지지 않아 앞으로의 과제로 남았지만, 통계학이 그 계기를 만들었다고 할 수 있다.

언뜻 통계학과 관계가 없어 보이는 스포츠 분야도 예외는 아니다. 요즘 스포츠클럽이 인기몰이하며 시니어 회원도 느는 추세이다. 요가, 에어로빅, 힙합 및 재즈 댄스, 근력 트레이닝 등의 스포츠와 건강의 관계가 통계를 통해 알려지고 있다. 또한 스포츠를 하며 건강해지면 의료비가 절감되는 것은 물론, 노동 생산성이 상승하여 결과적으로 GDP가 향상된다는 사실도 밝혀지고 있다.

최근 몇 년 동안 일약 유명해진 AI(인공지능)도 통계학 이론을 응용한 분야이다. TV 시청률과 일기예보 등 주변에서 쉽게 접할 수 있는 사례는 본문에서 설명하도록 하겠다. 더불어 10년 전 교과서에서는 가르쳐 주지 않던 '상자그림(또는 상자수염그림)'과 '베이즈 통계학'도 본문에서 다룬다. 이 책을 읽으면 통계에 휘둘리지 않고, 오히려 재미가 있어 긍정적인 기분이 들 것임이 틀림없다.

고미야마 히로히토

C O N T E N T S

차례

통계학 잠못들 정도로 재미있는 이야기

4

## 제3장

### 인물 통계학자에게 배우는 통계학 57

## 제4장

### 분석 통계로 일본을 바라본다 71

## 제5장
### 이론 추측통계학에 대해 알아보자  89

## 제6장
### 활용 일상생활과 밀접한 통계학  107

# 제 0 장

| 프롤로그 |

## 통계학이란 무엇일까?

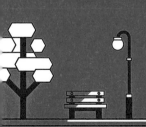

# 01 통계학의 기원 알아보기

통계학은 17세기에 들어서며 학문으로 확립되었지만, 그 이전부터 고대 로마, 중국, 바빌로니아 등에서 인구 조사 등 간단한 통계가 행해졌다.

고대 로마제국의 초대 황제 아우구스투스(기원전 63~기원후 14년)는 나라의 군사력을 정확하게 파악할 목적으로, 병사가 될 17세 이상인 남자의 수를 조사했다. 그리고 이를 활용하여 징병과 징세를 확실하게 시행할 수 있었다. 일본에서는 다이카개신(645년) 때 반전 수수법에 따라 전국 규모로 호적 조사를 시행했다.

당시의 통계는 말하자면 나라의 실태를 파악하기 위한 통계였다. 17세기에 이르러 존 그랜트(1620~1674년)가 지금의 인구 통계학의 토대가 된, 사회적인 현상을 파악하기 위한 통계를 제창했다. 경제학의 시조라 불리는 윌리엄 페티(1623~1687년)는 자신의 저서 《정치산술》에서 통계에 대해 정리했는데, 여기에는 '나라의 통치와 관련된 여러 사항에 대해 숫자를 이용하여 추측한다'는 내용을 담고 있다.

17세기에 존 그랜트가 사회적인 현상을 파악하기 위해 통계를 제창했어요.

통계학의 기원

⬇

인구 조사

인구를 정확하게 파악하기 위한 데이터를 나라를 통치하는 데 활용

영국 상인이었던 그랜트는 교회의 자료 중 사망 기록에 주목하여 분석하면서 다양한 규칙이 존재한다는 사실을 발견하고, 이를 바탕으로 미래의 인구를 추측할 수 있다고 주장했다. 그랜드와 페티는 사회 현상을 수량으로 파악하면서도 단순한 수량에 그치지 않고 분석함으로써 규칙성을 찾아내는 수법을 취했다.

이러한 방식을 보다 발전시킨 사람이 핼리혜성으로 유명한 에드먼드 핼리(1656~1742년)이다. 그는 인간의 죽음에 관한 규칙성에 예측 가능한 질서가 존재한다는 사실을 증명했으며, 그랜트가 고안한 생명표를 발전적으로 개량하여 '인간의 사망 비율 추계'에 관한 논문을 발표했다. 이로써 생명보험 회사는 적절한 보험료를 산정할 수 있게 되었고, 핼리는 생명보험 사업의 기초를 다진 인물로 평가받게 되었다.

한편 수학자이자 의사이면서 도박을 좋아했던 이탈리아의 지롤라모 카르다노(1501~1576년)는 통계학과 관계가 깊은 확률론을 처음으로 제시한 사람이다. 그는 확률을 도박에서 이기는 방법으로써 이용하고자 했다.

그 후에 확률적인 현상을 파악하기 위한 통계를 연구한 두 사람이 있었으니, 파스칼 정리로 알려진 블레즈 파스칼(1623~1662년)과 페르마의 마지막 정리로 유명한 피에르 페르마(1600년 초~1665년)이다.

이탈리아의 카르다노는 도박에서 이기고자 통계학을 연구했어요!

통계학 데이터

보험회사가 활용

적절한 보험료를 산출할 수 있어요!

## 02 통계학의 발전에 공헌한 나이팅게일

　　　　　이러하듯 통계는 사회의 필요에 따라 탄생했다고 한다. 의학 분야와 신약의 효과를 증명하는 방법에서 통계가 빠질 수 없다. 예를 들면 흡연과 질병의 관계, 병에 걸리는 비율과 사망률의 관계 등 현대에서는 의학과 통계의 관계성을 당연한 것으로 받아들인다.

　19세기에 들어서면서 의학과 통계의 관계성이 뚜렷해졌다. 이때부터 통계는 생활상의 문제를 해결하는 데 활용되기 시작했다.

　영국의 간호사 플로렌스 나이팅게일(1820~1910년)은 크림 전쟁(1853~1856년)에서 간호 활동에 종사하며, 그곳에서 접한 부상병의 실태를 통계 관련 지식을 살려 분석하고 위생 상태를 개선하는 데 활용했다. 그녀는 많은 데이터를 수집하고 그 원인을 해명할 수 있는 수학과 통계에 관한 지식을 갖추고 있었다. 그렇지만 설득력이 있어야 다른 사람을 이해시킬 수 있는 법이다.

　그래서 나이팅게일은 원그래프의 한 종류인 '폴라그래프*'를 고안하여 프레젠테이션을 했다.

나이팅게일의 폴라그래프

그래프로 나타냄으로써
눈에 보이는 형태가
되어 이해하기 쉬워진다.

▲ 나이팅게일이 고안한 '폴라그래프'

---

＊ 장미 같아 보인다고 하여 장미그래프라고도 한다―역주

말로는 설명하기 어려운 현상을 그래프라는 눈에 보이는 형태로 보여 줌으로써 주위의 이해를 얻었고, 그 결과 병원의 위생 상태가 개선되어 부상병의 사망률을 격감시키는 데 공헌했다. 이 일로 나이팅게일은 통계학의 기초를 구축한 선구자로 여겨지게 되었다.

그녀는 1860년에 국제통계회의에 출석하여 병원 통계의 통일된 기준을 제안하는 등 통계와 관련된 분야에서 활약했고, 여성으로서는 처음으로 영국 왕립통계협회의 회원으로 발탁되기도 했다.

영국의 의학자 존 스노우(1813~1858년)도 나이팅게일처럼 통계를 활용하여 의학 분야에 공헌한 인물이다. 그는 19세기, 런던에서 콜레라가 대유행하던 시대에 통계를 이용하여 콜레라의 발상지를 밝혀내고 콜레라의 대유행을 저지했다. 이때는 아직 콜레라균이 발견되기도 전의 일이었다. 하지만 콜레라에 걸려 죽은 사람이 살던 집에서도 콜레라에 걸리지 않는 사람이 있는 점, 어느 지역에 콜레라 발병 환자가 많은가 등 다양한 데이터를 수집하고 분석하여 원인을 규명했다.

면밀한 조사를 반복한 결과, 스노우는 오염된 물을 마신 사람이 콜레라에 걸린다는 가설을 세우며, 콜레라의 대유행을 저지하는 데 성공했다. 그의 분석이 훌륭하게 적중했음이 증명된 일이었다.

전염병의 유행에 대해 연구하는 학문을 역학(분석역학)이라고 해요. 통계 분석을 이용하여 질병과 건강의 관계에 대해 자세히 조사하는 연구도 역학이라 하지요.

# 03 일상생활과 밀접한 관계가 있는 통계학

　　18세기 영국의 경제학자 토머스 맬서스(1766~1834년)는 과거의 통계를 바탕으로 미래의 경제 상황을 예측할 수 있다고 주장했다. 맬서스의 인구와 식량에 관한 이론은 지금도 주목받고 있다. 그는 경제학사에 반드시 나오는 《인구론》을 저술한 경제학자이다. 19세기부터 국가가 정치와 행정에 통계를 활용하고자 하는 경향이 강해졌고, 20세기가 되어 통계학은 단숨에 수요가 늘며 진화했다.

　　지금에 이르러서는 한때 잊혔던 토머스 베이즈(1702~1761년)의 '베이즈의 정리'가 각광을 받으며, 컴퓨터 이메일과 인공지능 등 폭넓은 분야에서 이용되고 있다.

　　통계의 우수한 점은 과거의 정보를 분석함으로써 현재를 알고 미래까지도 예측할 수 있다는 데에 있다.

　　예를 들면 대표적인 대규모 조사 중의 하나인 여론조사가 있다. 국가, 지방자치제, 대중매체 등에서 개인을 대상으로 실시하는 의식 조사이다. 국민의 의견과 의식을 파악하는 조사로, 정부 지지율과 정당 지지율 조사 등이

지롤라모 카르다노 　▶　**확률론**
토머스 맬서스 　▶　**경제의 예측**
토머스 베이즈 　▶　**인공지능**

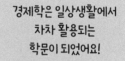

경제학은 일상생활에서 차차 활용되는 학문이 되었어요!

있다. 이때 중요한 것이 무작위 추출(랜덤 샘플링)이다.

조사 대상이 어느 한편으로 치우치면 의미가 없으므로, 확률적으로 조작하여 무작위로 대상자를 선별해야 한다. 선거에서 개표율이 1%밖에 되지 않아도 당선이 확실하다는 속보가 나오는 경우가 있는데, 이는 출구조사 등을 통해 일부를 알아보면 전체 득표율을 예측 가능하다는, 통계의 사고방식에 따른 것이다. 시청률은 TV 프로그램을 얼마나 시청하는지 조사한 것이다. TV 프로그램에 관한 대규모 조사는 샘플링을 하여 실시한다.

일상에서 매일 접하는 일기예보도 통계학을 이용한다. 기상청에 축적된 과거 데이터를 참고로 하여 내일은 맑을지 비가 올지, 비가 온다면 몇 퍼센트의 확률로 내릴지 하는 일기예보와 강수확률을 매일 발표한다. 야구를 좋아하는 사람은 좋아하는 선수의 활약에 관심이 간다. 투수라면 승률과 방어율, 타자라면 타율 등이 선수의 능력을 나타내는 지표가 된다.

복권도 확률로 계산할 수 있는데, 복권 한 장에 당첨되었을 때 받는 금액을 기댓값으로 계산하면, 일본의 연말 복권은 한 장에 300엔이라 할 때 기댓값이 144엔 정도가 된다(118쪽 참조).

통계 데이터는 미래를 예측하는 중요한 데이터예요!

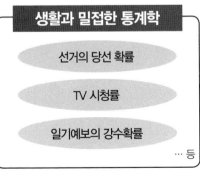

생활과 밀접한 통계학

선거의 당선 확률

TV 시청률

일기예보의 강수확률

… 등

# 통계학의 대표적인 세 가지 방식

'통계학'이란 조사 결과에서 얻은 불규칙한 데이터를 집약하고 다양한 수법을 이용하여, 조사 대상으로부터 이끌어 낼 수 있는 규칙성 또는 불규칙성을 도출하는 학문이다.

한마디로 통계학이라 해도 다양한 분야로 나뉜다. 그중에서 '기술통계학', '추측통계학', '베이즈 통계학'이 대표적이다.

'기술통계학'은 학교에서 반 전체의 시험 성적이나 키를 조사하는 등에 쓰인다. 이러한 불규칙성을 도표화(꺾은선그래프, 막대그래프 등)함으로써 시각적으로 전모를 파악할 수 있다. 그렇지만 기술통계학에는 약점이 있다. 예를 들면 전국의 초등학교 6학년의 평균 키가 어느 정도인지 조사할 경우, 전국의 초등학교 6학년 학생들 전원의 키를 재기에는 비용과 시간이 많이 소요된다.

이러한 값을 구할 때는 추측통계학을 이용한다. 추측통계학은 초등학교 6학년이라는 전체(모집단)에서 무작위로 일부(표본)를 뽑아 조사하고, 그 결과로부터 전체(모집단)를 추측한다.

이처럼 기술통계학과 추측통계학은 실제로 조사한 데이터를 바탕으로 분

통계는 동일한 데이터를 가지고도 분석 방법과 숫자를 다루는 방법에 따라 알 수 있는 정보가 달라져요.

석한다.

한편 '베이즈 통계학'은 처음 확률을 기준으로 하여 사례사례 새로운 데이터로 확률을 구한다는 점이 다르다.

일본 총무성 통계국의 홈페이지에 따르면 통계에는 세 가지 방식과 함께 세 가지 경향도 보인다고 한다. 국가의 실태를 파악하기 위한 통계, 사회적인 현상을 파악하기 위한 통계, 확률적인 현상을 파악하기 위한 통계이다.

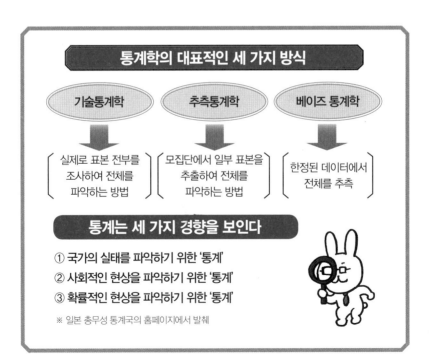

통계학의 대표적인 세 가지 방식

| 기술통계학 | 추측통계학 | 베이즈 통계학 |
| --- | --- | --- |
| 실제로 표본 전부를 조사하여 전체를 파악하는 방법 | 모집단에서 일부 표본을 추출하여 전체를 파악하는 방법 | 한정된 데이터에서 전체를 추측 |

통계는 세 가지 경향을 보인다

① 국가의 실태를 파악하기 위한 '통계'
② 사회적인 현상을 파악하기 위한 '통계'
③ 확률적인 현상을 파악하기 위한 '통계'

※ 일본 총무성 통계국의 홈페이지에서 발췌

# 대량 데이터로 미래를 예측할 수 있다

　　　　　스포츠 분야에서도 통계로 얻은 데이터가 활용된다. 이를테면 야구도 하나의 예로 들 수 있겠다. A라는 타자가 있다. 안타를 치는 타율이 우투수를 상대로는 4할인 반면, 좌투수를 상대로는 2할 정도라는 데이터가 있다고 하자. 이 데이터에서 A라는 타자가 좌투수를 상대하기 어려워한다는 점을 알 수 있다. 가령 투아웃 만루인 상황에서 이 타자가 타석에 섰다고 하자. 마운드에 오른 투수가 우투수라면 안타를 허용할 가능성이 높고, 좌투수라면 삼진을 잡을 가능성이 높다고 예측할 수 있다.

　　여기서는 극단적인 예를 들었지만, 이러하듯 과거의 데이터로부터 미래를 예측할 수 있게 하는 것이 통계 데이터의 힘이다. 그렇지만 이 데이터는 100% 완벽하지 않다. 우투수 상대 타율이 4할이라고 해도, 열 번 중 여섯 번은 아웃을 당한다는 뜻이기 때문이다.

　　110쪽에서 소개하는 강수확률과 비슷한 사고방식일 수도 있겠다. 그렇지만 일상생활에서 사전에 가능성의 높고 낮음을 파악하는 일은 쓸데없는 일이 아니다. 통계 데이터는 우리가 사는 세계에서 미래를 예측하는 하나의 지침이 된다.

# 제 1 장

## | 기본 |

## 통계학의 기본과
## 활용 방법

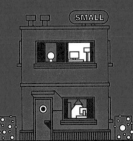

# 04 통계학의 첫걸음, 그래프

통계라는 말만 들려도 꽁무니를 빼는 사람도 있을 것이다.

사실 초등학교 수학, 과학, 사회 교과서에 나오는 그래프가 바로 통계의 첫걸음이다. 통계의 정의는 다음과 같다. '집단의 각 요소의 분포를 조사하고, 그 집단의 경향, 성질 등을 수량적, 통일적으로 밝히는 일.'(고지엔 일본어 사전에서 발췌)

초등학교 고학년이 되면 수학 수업 시간에 꺾은선그래프, 막대그래프, 원그래프에 대해 배운다. 그래프를 이용하면 수집된 자료에서 집단의 특징과 경향을 순식간에 시각적으로 파악할 수 있다. 복잡한 듯한 내용을 일반인에게도 알기 쉽게 전달할 수 있게끔 하는 것이 통계라 할 수 있다.

그래프를 작성하는 데는 자료가 필요하다. 이를 토대로 먼저 '표'를 만든 다음 그래프를 작성하는 것이 일반적이다.

꺾은선그래프는 변화를 잘 나타내고, 막대그래프는 양에 따른 변화를 나타내며, 원그래프는 전체의 비율을 잘 나타낸다는 특징이 있다.

다음 페이지의 세 가지 도표를 살펴보자. A 데이터를 바탕으로 세 종류의 그래프를 작성했다. B는 꺾은선그래프, C는 원그래프, D는 막대그래프이다. 표 A만 봐서는 어떻게 변화하는지를 알 수 없지만, 꺾은선그래프, 원그래프, 막대그래프를 보면 어떻게 변화하는지 시각적으로 바로 이해할 수 있다.

이처럼 데이터를 정리하여 표와 그래프로 나타내면 다양한 사실을 발견할 수 있다.

**【도표 A】** 일본의 수출 상대국 무역액 추이 (단위: 억 엔)

| | 2000년 | 2005년 | 2010년 | 2015년 | 2018년 |
|---|---|---|---|---|---|
| 종액 | 516.542 | 656.565 | 673.996 | 756.139 | 814.788 |
| 미국 | 153.559 | 148.055 | 103.740 | 152.246 | 154.702 |
| 중국 | 32.744 | 88.369 | 130.856 | 132.234 | 158.977 |
| 한국 | 33.088 | 51.460 | 54.602 | 53.266 | 57.926 |
| 대만 | 38.740 | 48.092 | 45.942 | 44.725 | 46.792 |

※ 일본 재무성 무역 통계

**꺾은선그래프로 작성**

**원그래프로 작성**

**【도표 B】** 각국의 금액 추이

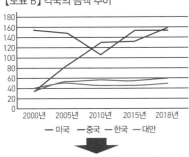

— 미국 — 중국 — 한국 — 대만

**【도표 C】** 2018년 각국의 무역 금액 비율

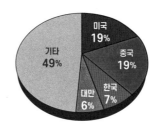

**막대그래프로 작성**

**【도표 D】** 각국의 금액 추이

— 미국 — 중국 — 한국 — 대만

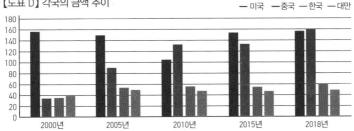

데이터를 다양한 그래프로 나타내면 시각적으로 전모를 파악할 수 있어요!

통계학의 첫걸음, 그래프

# 05 데이터를 정리하여 도수분포표 작성하기

데이터를 수집하기만 해서는 숫자가 나열되어 있을 뿐이라 어떠한 경향을 보이는지 대부분 알 수 없다. 그렇지만 일정한 약속 사항을 정하여 정리하면 보이지 않던 사실이 명확히 보이게 된다.

다음 페이지에 있는 데이터는 3학년 X반 남자와 여자의 1주일간 가정학습 시간을 조사한 결과이다. 남자는 15명이고 여자는 20명이며, 단위는 시간이다.

【도표 A】와 【도표 B】에서는 단순히 데이터를 수집하기만 했다. 【도표 C】와 【도표 D】에서는 네 시간 단위로 구간을 나누고, 각 구간에 속하는 인원수를 남자와 여자별로 조사했다. 【도표 C】와 【도표 D】는 【도표 A】와 【도표 B】보다 깔끔히 정리되기는 했지만, 숫자가 불규칙하게 나열되어 있어서 특징을 파악하기 어렵다. 여기서 데이터를 정리하여 도표로 나타낼 때 사용하는 용어를 몇 가지 알아 두자. 데이터를 정리할 때 쓰는 구간을 '계급', 구간의 폭을 '계급폭', 계급의 중앙값을 '계급값'이라 한다. 【도표 C】와 【도표 D】의 표에는 여섯 계급이 있다.

0~4와 4~8이 계급이며 전자의 계급값은 2, 후자는 6이다. 각 계급의 양 끝 값의 평균값이 계급값이라 할 수 있다. 계급에 속한 데이터값의 개수를 그 계급의 '도수'라 하며, 각 계급에 도수를 대응시킨 것을 도수분포라 한다. 이를 표로 나타낸 것이 '도수분포표'이다(보통 계급값은 쓰지 않는다). 【도표 C】와 【도표 D】에서 도수의 합계는 반드시 표기하는데, 이는 검산할 때 도움이 된다.

도수분포를 그래프(막대그래프)로 나타낸 것이 '히스토그램'이다. 도수분포표보다 【도표 E】와 [도표 F]의 히스토그램을 이용하면, 데이터 분포를 한눈에 파악할 수 있다.

# 3학년 X반의 남녀별 1주일간 가정학습 시간

【도표 A】

**남자**

| | | | | |
|---|---|---|---|---|
| 21 | 7 | 13 | 19 | 0 |
| 8 | 1 | 15 | 17 | 3 |
| 4 | 5 | 6 | 2 | 11 |

【도표 B】

**여자**

| | | | | |
|---|---|---|---|---|
| 2 | 10 | 5 | 8 | 15 |
| 20 | 18 | 3 | 7 | 9 |
| 19 | 4 | 6 | 11 | 22 |
| 17 | 10 | 5 | 16 | 13 |

【도표 C】남자의 도수분포표

| 가정학습 시간 이상~미만 | 도수 | 계급값 |
|---|---|---|
| 0 ~ 4 | 4 | 2 |
| 4 ~ 8 | 4 | 6 |
| 8 ~ 12 | 2 | 10 |
| 12 ~ 16 | 2 | 14 |
| 16 ~ 20 | 2 | 18 |
| 20 ~ 24 | 1 | 22 |
| 합계 | 15 | |

【도표 D】여자의 도수분포표

| 가정학습 시간 이상~미만 | 도수 | 계급값 |
|---|---|---|
| 0 ~ 4 | 2 | 2 |
| 4 ~ 8 | 5 | 6 |
| 8 ~ 12 | 5 | 10 |
| 12 ~ 16 | 2 | 14 |
| 16 ~ 20 | 4 | 18 |
| 20 ~ 24 | 2 | 22 |
| 합계 | 20 | |

【도표 E】남자의 히스토그램

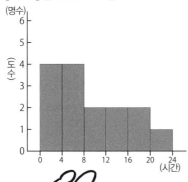

【도표 F】여자의 히스토그램

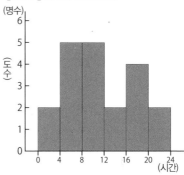

히스토그램으로 나타내면 도수분포표만 봐서는 알 수 없던 전체적인 이미지를 알 수 있어요!

# 06 데이터를 비교할 때 편리한 상대도수

앞서 들었던 예시에서는 남자와 여자의 수가 다르기 때문에, 도수만 보고 정말로 남자의 가정학습 시간이 적다고 단언할 수 없다. 도수 대신에 각 계급의 도수를 도수의 합계로 나눈 값을 이용하면 편리한데, 이 값을 '상대도수'라 한다. 상대도수를 구하는 식은 '어떤 계급의 상대도수＝어떤 계급의 도수÷전체 도수의 합계'이다. 상대도수는 어떤 계급의 도수가 전체의 어느 정도를 차지하는가 하는 비율을 나타내는 숫자로, 보통 소수로 표기한다.

【도표 A】와 【도표 B】는 3학년 X반 '남자와 여자의 1주일간 가정학습 시간'의 상대도수를 정리한 표이다. 상대도수는 경우에 따라 귀찮은 문제가 생긴다. 【도표 B】는 모든 계급에서 숫자가 딱 떨어지기 때문에 상대도수를 전부 더하면 1이 된다. 그렇지만 【도표 A】와 같은 경우에는 모든 계급의 상대도수가 딱 떨어지지 않아서 반올림하여 소수점 넷째 자리까지 구했다. 여기서는 상대도수를 전부 더하면 1이 되어야 하지만 반올림 때문에 1이 되지 않는 경우도 있다는 점을 알아 두자.

통계는 그래프로 나타냄으로써 경향과 특징이 더욱 명확해진다. 【도표 C】는 【도표 B】의 상대도수분포표를 막대그래프 히스토그램으로 나타낸 것이다. 21쪽 【도표 F】의 히스토그램과 비교해 보자. 【도표 F】는 세로축이 도수, 23쪽 【도표 C】는 비율인 상대도수라는 차이점은 있지만, 그래프 형태는 동일하다.

**【도표 A】남자의 상대도수분포표**

| 가정학습 시간 | 도수 | 상대도수 |
|---|---|---|
| 이상~미만 | | |
| 0 ~ 4 | 4 | 0.2667 |
| 4 ~ 8 | 4 | 0.2667 |
| 8 ~ 12 | 2 | 0.1333 |
| 12 ~ 16 | 2 | 0.1333 |
| 16 ~ 20 | 2 | 0.1333 |
| 20 ~ 24 | 1 | 0.0677 |
| 합계 | 15 | 1 |

**【도표 B】여자의 상대도수분포표**

| 가정학습 시간 | 도수 | 상대도수 |
|---|---|---|
| 이상~미만 | | |
| 0 ~ 4 | 2 | 0.1 |
| 4 ~ 8 | 5 | 0.25 |
| 8 ~ 12 | 5 | 0.25 |
| 12 ~ 16 | 2 | 0.1 |
| 16 ~ 20 | 4 | 0.2 |
| 20 ~ 24 | 2 | 0.1 |
| 합계 | 20 | 1 |

**【도표 C】상대도수 히스토그램**

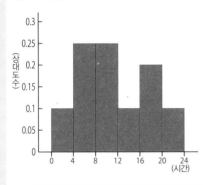

**◆ 21쪽【도표 F】히스토그램**

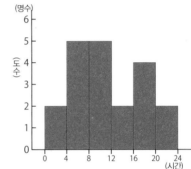

### 누적상대도수 꺾은선그래프를 그려 보자

작은 계급부터 특정 계급값까지의 상대도수를 합하여 구한 값이 '누적상대도수'이다. 여자 12~16 계급의 누적상대도수는 0.1 + 0.25 + 0.25 + 0.1로, 0.7이 된다. 16 미만은 전체의 70%이다. '여기까지의 계급이 전체의 몇 %를 차지하는지' 한눈에 알 수 있다.

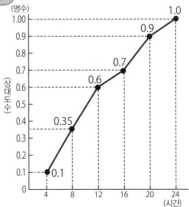

## 07 수학 시간에 배운 평균을 더 깊이 있게 알아보자

일상생활에서 평균이라는 말을 자주 사용한다. 초등학교 5학년 때 평균을 배운다. 평균은 통계를 배우기 위한 첫걸음이다.

'감이 여섯 개 있다. 각각의 무게는 ① 150g ② 200g ③ 220g ④ 160g ⑤ 180g ⑥ 260g이라고 한다. 감 무게의 평균을 구하시오'와 같은 평균을 구하는 문제는 '단위량 당 크기' 단원에서 배웠을 것이다. ①부터 ⑥까지 감 여섯 개의 합계는 150+200+220+160+180+260=1170, 1170÷6=195g/개. 감 한 개에 195g이라는 의미이다.

상기 예의 평균은 '시속 100km(한 시간에 100km 나아간다)' 같은 속도와 마찬가지로 '개당 양'임을 알 수 있다.

여러 수량을 똑같은 크기로 고르게 만든 것을 '평균'이라 하고, 평균을 구하는 식은 '합계÷개수'이다. ①부터 ⑥까지의 감이 데이터이고, 각각의 무게는 데이터값이 된다. 20쪽에서 소개한 3학년 X반 여자의 가정학습 시간의 평균을 구해 보자. 시간의 합계는 220시간이고 20명으로 나누면 11시간이 된다.

일반식으로 나타내면 다음과 같다.

변량을 $x$라 하고, 데이터 $n$개의 값 $x_1, x_2, \cdots, x_n$이 주어지면, $\frac{1}{n}(x_1+x_2+\cdots+x_n)$를 데이터의 '평균값'이라 하며 '$\bar{x}$'로 표기한다($\bar{x}$는 엑스바라고 읽는다). 통계학에서 평균값은 '대푯값' 중의 하나로서 유명하다. $\bar{x}$는 앞으로 몇 번이고 나올 중요한 기호이다. 여러 데이터를 비교할 때, 데이터의 특징을 하나의 값으로 나타내면 쉽게 비교할 수 있다.

### ┌ 남자 ┐

| | | | | |
|---|---|---|---|---|
| 21 | 7 | 13 | 19 | 0 |
| 8 | 1 | 15 | 17 | 3 |
| 4 | 5 | 6 | 2 | 11 |

### ┌ 여자 ┐

| | | | | |
|---|---|---|---|---|
| 2 | 10 | 5 | 8 | 15 |
| 20 | 18 | 3 | 7 | 9 |
| 19 | 4 | 6 | 11 | 22 |
| 17 | 10 | 5 | 16 | 13 |

| 가정학습 시간 이상~미만 | 도수 | 계급값 |
|---|---|---|
| 0 ~ 4 | 4 | 2 |
| 4 ~ 8 | 4 | 6 |
| 8 ~ 12 | 2 | 10 |
| 12 ~ 16 | 2 | 14 |
| 16 ~ 20 | 2 | 18 |
| 20 ~ 24 | 1 | 22 |
| 합계 | 15 | |

| 가정학습 시간 이상~미만 | 도수 | 계급값 |
|---|---|---|
| 0 ~ 4 | 2 | 2 |
| 4 ~ 8 | 5 | 6 |
| 8 ~ 12 | 5 | 10 |
| 12 ~ 16 | 2 | 14 |
| 16 ~ 20 | 4 | 18 |
| 20 ~ 24 | 2 | 22 |
| 합계 | 20 | |

### 여자의 가정학습 시간의 평균 구하기

$(2+10+5+8+15+20+18+3+7+9+19+4+6+11+22+17+10+5+16+13) \div 20 = 220 \div 20 = 11$ 시간

**마찬가지로 남자의 평균값도 구해 보면 8.8시간이 나온다.**

통계 데이터를 보면 남녀 간의 평균 학습 시간이 달라요.
데이터를 보고 '왜 차이가 날까?' 하는 의문이 생기지요.
그 이유를 분석하는 것도 통계학이에요!

### 상기 도수분포표에서 여자의 평균값 구하기

$\frac{1}{20} \times (2 \times 2 + 5 \times 6 + 5 \times 10 + 2 \times 14 + 4 \times 18 + 2 \times 22) = \frac{1}{20} \times (4 + 30 + 50 + 28 + 72 + 44) = \frac{1}{20} \times 228 = 11.4$

※ 데이터로 구한 평균값과 도수분포표로 구한 평균값이 다른 경우가 있어요.

25

수학 시간에 배운 평균보다 더 깊이 있게 알아보자

# 08 데이터의 특징을 나타내는 중앙값(메디안)과 최빈값(모드)

통계에서 자주 사용하는 대푯값에는 평균값 이외로 중앙값(메디안)과 최빈값(모드)이 있다.

먼저 중앙값(메디안)에 대해 살펴보자.

【도표 A】를 보자. 이 표만 봐서는 3학년 X반 여자의 가정학습 시간의 경향을 전혀 파악할 수 없을 것이다. 그렇지만 이 20개의 데이터를 작은 값부터 순서대로 나열하면 일정한 경향을 파악할 수 있다. 이때 중앙 순위에 오는 값을 '중앙값'이라 한다. 3학년 X반의 여자는 20명으로, 한가운데에는 값이 존재하지 않는다. 그렇기에 짝수 $2n$개일 때는 제 $n$번째와 제 $n + 1$번째 데이터값의 평균값을 중앙값으로 한다. 10번째와 11번째의 평균값이니 10시간이 된다. 3학년 X반 여자의 경우 평균값은 11이고, 중앙값은 10이다. 이번에는 남자의 경우를 알아보자(【도표 B】참조). 남자는 15명이므로 홀수이다. 그렇기에 8번째인 7이 중앙값이 된다. 평균값은 8.8이므로, 평균값과 중앙값의 차이는 여자보다 남자가 더 크다.

다음으로 최빈값(모드)에 대해 살펴보자. '최빈값'이란 데이터를 도수분포표로 정리했을 때 도수가 가장 많은 계급의 계급값을 말한다. 【도표 C】는 3학년 Y반 여자 20명의 데이터이다. 이를 바탕으로 도수분포표로 만든 것이【도표 D】이다.

【도표 D】를 바탕으로 하여 히스토그램을 작성하면【도표 E】처럼 된다.【도표 E】히스토그램을 보면 3학년 Y반 여자의 가정학습 시간의 경향을 명확하게 알 수 있다. 3학년 Y반 여자의 평균값은 11.05, 중앙값은 11.5이며 최빈값은 14이다. X반 여자와 비교해 보자.

【도표 A】

3학년 X반 여자의 가정학습 시간

| 2 | 10 | 5 | 8 | 15 |
|---|----|---|---|----|
| 20 | 18 | 3 | 7 | 9 |
| 19 | 4 | 6 | 11 | 22 |
| 17 | 10 | 5 | 16 | 13 |

단위: 시간

**▶ 작은 값부터 순서대로 정렬**

2 3 4 5 5 6 7 8 9 10 10 11 13 15 16 17 18 19 20 22

10번째와 11번째

평균값은
11

$$\frac{1}{2} \times (10+10) = 10\text{시간}$$

중앙값

【도표 B】

3학년 X반 남자의 가정학습 시간 ⇨ 0 1 2 3 4 5 6 7 8 11 13 15 17 19 21

중앙값

평균값은
8.8

【도표 C】

3학년 Y반 여자의 가정학습 시간

| 8 | 13 | 0 | 2 | 23 |
|---|----|---|---|----|
| 14 | 19 | 5 | 7 | 10 |
| 12 | 6 | 11 | 13 | 17 |
| 4 | 15 | 10 | 14 | 18 |

단위: 시간

중앙값과 최빈값을
구해 보면 데이터의
특징을 알 수
있어요.

【도표 D】3학년 Y반 여자의 도수분포표

| 가정학습 시간 | 도수 | 계급값 |
|---|---|---|
| 이상~미만 | | |
| 0 ~ 4 | 2 | 2 |
| 4 ~ 8 | 4 | 6 |
| 8 ~ 12 | 4 | 10 |
| 12 ~ 16 | 6 | 14 |
| 16 ~ 20 | 3 | 18 |
| 20 ~ 24 | 1 | 22 |
| 합계 | 20 | |

【도표 E】3학년 Y반 여자의 도수분포표

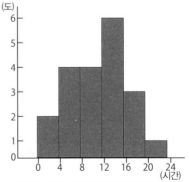

(도)

12시간 이상 16시간 미만의 계급값

$$\frac{1}{2} \times (12+16) = 14\text{시간}$$

최빈값

데이터의 특징을 나타내는 중앙값(메디안)과 최빈값(모드)

## 09 최근에 통계에서 자주 등장하는 상자그림을 알아보자

오른쪽 페이지의【도표 A】는 통계에서 사용하는 '상자그림 (상자수염그림이라고도 한다−역주)'이다. 2020년부터 일본 중학교 수학 교과서에 등장했다. 상자그림을 이해하기 위해서는 '사분위수'를 알아야 한다.

상자그림은 사분위수를 기준으로 하여 그린다. 3학년 X반 여자 20명의 데이터를 이용하여 설명해 보자. 데이터는 전부 20개이고, 중앙값은 10이다. 중앙값을 경계로 하여 데이터값의 개수가 같아지도록 둘로 나눈다. 둘로 나눈 후 왼쪽 최솟값을 포함한 데이터(2부터 10까지의 10개)의 중앙값은 5.5이다. 오른쪽 최댓값을 포함한 데이터(10부터 22까지의 10개)의 중앙값은 16.5이다. 2부터 22까지 20개의 데이터를 균등하게 4분할했다.

전체의 중앙값 왼쪽에 있는 5와 6의 중앙값 5.5를 '제1사분위수', 전체의 중앙의 값을 '제2사분위수', 오른쪽 16과 17의 중앙값 16.5를 '제3사분위수'라고 하며, 각각 $Q_1$, $Q_2$, $Q_3$로 표기한다. 이를 통틀어 '사분위수'라 한다. 전체를 4분할했으니 각각은 25%가 된다. $Q_1$은 25%, $Q_2$는 50%, $Q_3$은 75%에 대응하는 값임을 알 수 있다. 사분위수를 이용하여 상자그림을 그린 것이【도표 B】이다. 앞서 말한 사분위수를 이용하면 다섯 가지 값으로 데이터의 분포를 나타낼 수 있다. 직선을 떠올리면 이해하기 쉬울 것이다(【도표 C】참조).

데이터의 분포는【도표 B】처럼 최솟값, 제1사분위수, 제2사분위수, 제3사분위수, 최댓값의 다섯 가지 값을 사용하면 편리하다. 이 다섯 가지 값을 '다섯 숫자 요약'이라 부른다.

3학년 X반의 상자그림과 히스토그램은【도표 D】,【도표 E】와 같다.

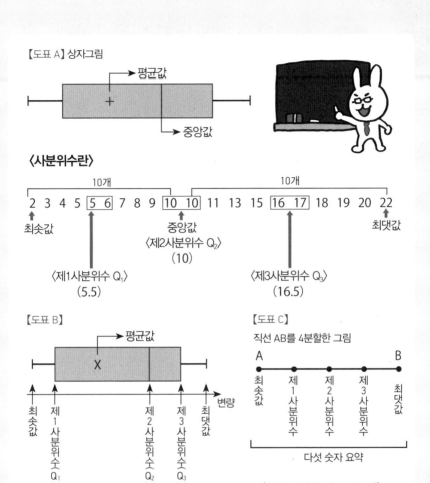

【도표 A】 상자그림

→ 평균값

→ 중앙값

〈사분위수란〉

10개                    10개

2  3  4  5  5 6  7  8  9  10 10  11  13  15  16 17  18  19  20  22

최솟값          〈제1사분위수 Q₁〉          중앙값              〈제3사분위수 Q₃〉          최댓값
                    (5.5)              〈제2사분위수 Q₂〉              (16.5)
                                            (10)

29

【도표 B】

→ 평균값

X

최   제   제   제   최
솟   1   2   3   댓   변량
값   사   사   사   값
     분   분   분
     위   위   위
     수   수   수
     (Q₁)  (Q₂)  (Q₃)

【도표 C】

직선 AB를 4분할한 그림

A                              B
●    ●    ●    ●    ●
최   제   제   제   최
솟   1   2   3   댓
값   사   사   사   값
     분   분   분
     위   위   위
     수   수   수

다섯 숫자 요약

〈상자그림과 히스토그램〉

【도표 E】

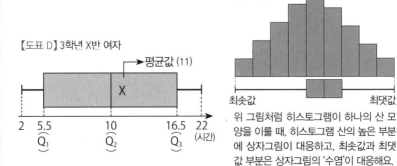

최솟값                    최댓값

【도표 D】 3학년 X반 여자

→ 평균값 (11)

X

2   5.5      10      16.5   22
    (Q₁)     (Q₂)     (Q₃)   (시간)

위 그림처럼 히스토그램이 하나의 산 모
양을 이룰 때, 히스토그램 산의 높은 부분
에 상자그림이 대응하고, 최솟값과 최댓
값 부분은 상자그림의 '수염'이 대응해요.

# 10 데이터가 퍼진 정도를 알 수 있는 상자그림

어떤 데이터에서 데이터의 분포 범위를 알아 두면 전체적인 특징을 파악할 때 편리하다. '범위'란 최댓값부터 최솟값까지를 가리키며, 이 범위를 '레인지(range)'라고도 한다.

상자그림을 이용하면 보다 정확하게 표현할 수 있다. $Q_3$에서 $Q_1$을 뺀 값을 '사분위범위'라고 하며, 사분위범위를 2로 나눈 값을 '사분위편차'라 한다(【도표 A】 상자그림을 보자).

앞서 나왔던 3학년 X반 여자와 3학년 Y반 여자의 분포를 상자그림으로 비교해 보았다. 3학년 X반 여자의 상자그림은 【도표 B】이다. 3학년 Y반 여자의 상자그림도 마찬가지로 작성하면 【도표 C】처럼 된다.

【도표 B】와 【도표 C】의 상자그림을 자세히 살펴보자. $Q_1$, $Q_2$, $Q_3$와 같은 대푯값을 이용하면 모든 데이터를 이용해 그렸던 히스토그램과 꺾은선그래프보다 확실히 심플하다. 막대그래프 히스토그램과 꺾은선그래프는 데이터가 늘어날수록 그래프도 늘어나서, 작성하는 데 작업 시간이 더 걸릴 뿐만이 아니라 표시할 공간도 부족해진다. 3학년 X반과 Y반처럼 두 자릿수 데이터라면, 그래프로 표시하는 데 많은 시간도 걸리지 않고 공간도 필요하지 않다. 하지만 이것이 만약 몇 백, 몇 천 개의 데이터라면 일이 커진다. 반면에 상자그림은 최솟값, 최댓값, $Q_1$, $Q_2$, $Q_3$에 더해 평균값을 넣어도 여섯 가지 값이 정해지면 그만이므로 간결하게 그릴 수 있다.

【도표 B】와 【도표 C】를 비교하면 경향과 차이를 알 수 있다. 포인트는 사분위범위에 주목한다는 점이다. 【도표 B】와 【도표 C】 중에서 【도표 C】의 퍼진 범위가 더 좁다는 사실을 알 수 있다.

**【도표 A】상자그림**

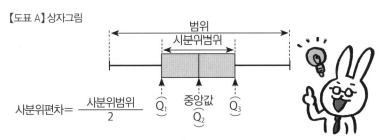

$$사분위편차 = \frac{사분위범위}{2}$$

## 〈3학년 Y반 여자의 상자그림 그리기〉

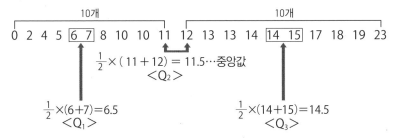

10개

0  2  4  5  $\boxed{6\ 7}$  8  10  10  11  12  13  13  14  $\boxed{14\ 15}$  17  18  19  23

10개

$$\frac{1}{2} \times (11 + 12) = 11.5 \cdots 중앙값$$
$$<Q_2>$$

$$\frac{1}{2} \times (6+7) = 6.5$$
$$<Q_1>$$

$$\frac{1}{2} \times (14+15) = 14.5$$
$$<Q_3>$$

**【도표 B】**

3학년 X반 여자의 상자그림

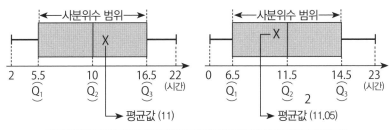

← 사분위수 범위 →

2   5.5   10   16.5   22 (시간)
    $Q_1$   $Q_2$   $Q_3$

→ 평균값 (11)

**【도표 C】**

3학년 Y반 여자의 상자그림

← 사분위수 범위 →

0   6.5   11.5   14.5   23 (시간)
    $Q_1$   $Q_2$   $Q_3$

→ 평균값 (11.05)

| | | |
|---|---|---|
| 사분위편차는 | 【도표 B】 $\frac{1}{2} \times (16.5 - 5.5) = 5.5$ | |
| | 【도표 C】 $\frac{1}{2} \times (14.5 - 6.5) = 4$ | |
| 평균값 | 【도표 B】⇨11 | 【도표 C】⇨11.05 |
| 중앙값 | 【도표 B】⇨10 | 【도표 C】⇨11.5 |
| 사분위편차 | 【도표 B】⇨5.5 | 【도표 C】⇨4 |

3학년 Y반 여자의【도표 C】가 더 적게 퍼져 있음을 알 수 있어요.

# 11 데이터가 퍼진 정도를 알 수 있는 표준편차

3학년 X반에서 수학 시험을 시행했다. 참가자는 남자가 12명, 여자가 10명이었다. 각각의 득점은 【도표 A】와 같다. 이를 도수분포표로 나타내면 【도표 B】가 된다. 계급이 많고, 게다가 넓게 퍼져 있어서 히스토그램을 작성하기 어려운 데이터이다. 이래서는 남자와 여자의 특징을 알 수 없다.

상자그림을 이용하면 어떻게 될지 생각해 보자. 여자와 남자의 득점을 작은 숫자부터 순서대로 나열하고, 중앙값($Q_2$)과 평균값, 그리고 $Q_1$과 $Q_3$을 구한다. 완성한 상자그림이 【도표 C】와 【도표 D】이다.

데이터가 퍼진 정도를 수치로 표현할 수 있다. 이 값을 '분산'이라 하며, 보통 '표준편차'로 나타낸다(데이터값에서 평균을 뺀 값을 '편차'라 한다). 여자의 경우 54점이라면 54−68=−14, 85점이라면 85−68=17이 된다. 54점일 때는 평균값에서 14만큼 떨어져 있고, 85점인 경우 17만큼 떨어져 있다고 해석할 수 있다(중학생 시절에 배운 절댓값을 떠올려 보자). 편차를 이용하면 데이터가 퍼진 정도를 알 수 있다.

그렇지만 이대로 각 편차를 구하면 어떻게 될까? 여자의 편차를 전부 순서대로 나열해 보자. (−14), (−12), (−10), (−4), (−1), (1), (3), (8), (12), (17)과 같고, 전부 더하면 0이 되어 퍼진 정도를 알 수 없다. 이를 해결하기 위해 각각의 편차를 제곱하여 그 평균을 구한다. 그 값을 '분산($S^2$)'이라 하며, 이 값에 근거하여 '표준편차 S'를 구할 수 있다.

단위가 있는 값을 제곱한 $S^2$은 단위가 바뀐다. 단위를 원래 데이터값에 맞추기 위해 양의 제곱근을 취하여 S라 한다.

【도표 A】

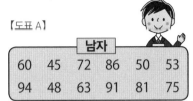

| 남자 | | | | | |
|---|---|---|---|---|---|
| 60 | 45 | 72 | 86 | 50 | 53 |
| 94 | 48 | 63 | 91 | 81 | 75 |

단위: 점

| 여자 | | | | |
|---|---|---|---|---|
| 67 | 56 | 80 | 71 | 58 |
| 76 | 85 | 69 | 54 | 64 |

단위: 점

【도표 B】 3학년 X반 수학 시험 결과 및 도수분포표

| 시험 점수(계급) 이상~미만 | 남자 도수 | 여자 도수 |
|---|---|---|
| 45 ~ 50 | 2 | 0 |
| 50 ~ 55 | 2 | 1 |
| 55 ~ 60 | 0 | 2 |
| 60 ~ 65 | 2 | 1 |
| 65 ~ 70 | 0 | 2 |
| 70 ~ 75 | 1 | 1 |
| 75 ~ 80 | 1 | 1 |
| 80 ~ 85 | 1 | 1 |
| 85 ~ 90 | 1 | 1 |
| 90 ~ 95 | 2 | 0 |
| 합계 | 12 | 10 |

도수분포표로는 전체적으로 퍼진 정도를 파악할 수 없어요

상자그림을 작성하면 퍼진 정도를 알 수 있어요

【도표 C】 남자의 상자그림

0  43  51.5  67.5  83.5  94  100 (점수)
     (Q₁)   (Q₂)   (Q₃)
→ 평균값 (68.2)

【도표 D】 여자의 상자그림

0  54  58  68  76  85  100 (점수)
       (Q₁)  (Q₂)  (Q₃)
→ 평균값 (68)

〈분산과 표준편차의 일반식〉

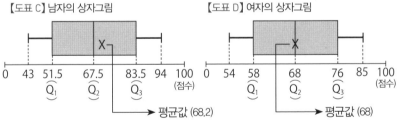

분산  데이터 $n$개의 값을 $x_1, x_2, \cdots, x_n$이라 하고, 그 평균값을 $\overline{x}$ 라 한다.

$$S^2 = \frac{1}{n}\{(x_1 - \overline{x})^2 + (x_2 - \overline{x})^2 + \cdots (x_n - \overline{x})^2\}$$

표준편차  $S = \sqrt{\frac{1}{n}\{(x_1 - \overline{x})^2 + (x_2 - \overline{x})^2 + \cdots (x_n - \overline{x})^2\}}$

(주의) 속도 계산을 예로 들면 이해하기 쉬워요. 100km/시간 × 2시간 = 200km
'시속 100km로 2시간 → 200km' 단위가 바뀌었어요!

# 그래프 작성법 하나로 인상이 바뀐다

통계에서 조사한 다양한 데이터를 그래프와 같이 도표로 만들면 시각적으로도 한층 더 이해하기 쉬워진다.

그래프에는 초등학교에서 배웠던 '막대그래프', '꺾은선그래프', '원그래프', '띠그래프'와 같은 기본적인 것을 비롯하여 '히스토그램', '레이더차트', '분포도', '삼각그래프', 주식의 동향 등을 나타내는 데 편리한 '봉차트(캔들차트)' 등이 있다.

그래프에는 각각의 특징이 있으며, 이를 활용하여 통계 데이터를 시각적으로 표현한다. 숫자를 비교하는 것만으로는 좀처럼 알 수 없었던 데이터도 그래프로 나타내면 한순간에 전모를 파악할 수 있다.

그렇지만 그래프를 표현하는 방법에 따라 인상이 확 변하기도 하므로 주의해야 한다.

여기에 '나라 및 지방의 장기 채무 잔고'를 연차별로 조사한 그래프가 있다. 그래프에 대한 자세한 설명은 제4장 84쪽에서 하도록 하고, 여기서는 그래프의 작성법에 따라 인상이 바뀌는 예로서 소개하고자 한다.

우리가 접하는 그래프와 표는 각기 목적이 있어서 만들어요. 데이터를 다루는 방법에 따라 그래프와 표가 변화해요.

먼저【도표 A】의 그래프를 보자. 이 그래프를 보면 후반 부분에서 별로 변화가 없는 듯이 보인다.【도표 A】는 눈금 하나에 100조 엔 간격으로 500조 엔부터 1,100조 엔까지 있다. 그중 1,000조 엔부터 1,100조 엔까지에 해당하는 5년을 눈금 하나에 20조 엔 간격으로 바꾸어 보면【도표 B】처럼 된다. 이번에는 더욱 크게 변화하는 듯이 보인다.

이처럼 도표의 작성 방법을 조금 바꾸기만 해도 그래프에서 받는 인상이 바뀌는 경우가 있다.

통계 데이터 그래프를 볼 때 주의해야 할 점 중의 하나이다.

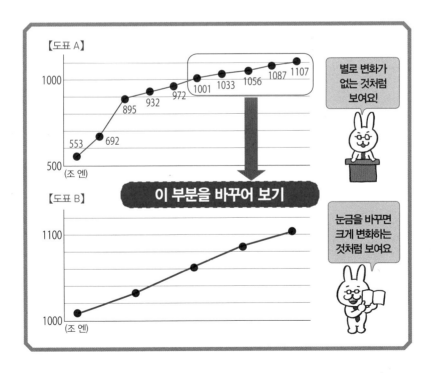

# 통계 전체를 휘저을 수 있는 이상점

통계학에 '이상점'이라는 말이 있다. 다른 값으로부터 크게 벗어난 값을 일컫는다. 측정 실수나 기록 실수 등의 원인으로 발생하기도 하지만, 경우에 따라서는 구별할 수 없는 경우도 있다. '다른 값과 현저히 다르기에 일반적인 결론을 도출할 수 없는 데이터'를 가리키는 의미도 있다.

이상점은 특히 표본 수가 적은 경우 데이터의 전모를 파악할 때 문제가 된다. 초등학교 6학년생 열 명을 대상으로 용돈에 대해 조사한 결과, 아홉 명이 1,000엔, 한 명이 2만 엔을 받는다고 한다. 그렇다는 말은 열 명의 평균이 2,900엔이라는 뜻이다. 단 한 명이 다른 아홉 명의 20배나 많은 2만 엔을 용돈으로 받는 바람에, 다른 아홉 명의 평균값의 3배가 나온다. 이러한 극단적인 예도 있을 수 있다.

통계학에서는 이상점이 발생하는 이유를 검증하는 일도 중요하다. 이상점이라고 해서 제외하면 끝이라는 생각은 적절하지 않다. 이상점에 따라 전체적인 인상이 변화하는 경우도 있다는 점을 알아 두자.

# 제 2 장

| 용도 |

# 통계는 이런 데 사용한다

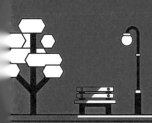

# 12 생명보험회사의 보험료는 통계로 정한다

우리가 가입한 생명보험의 보험료는 어떻게 정해질까. 보험료를 내는 소비자 입장에서 보면, 가능한 한 적은 금액으로 많은 보장을 받는 편이 좋다. 반대로 생명보험회사 입장에서 보면, 적은 보험료로 많은 보장을 해서는 기업으로서 성립되지 않을뿐더러 존속 위기에 처하게 된다. 그렇다고 해서 보험료를 대충 정할 수도 없는 법이다.

생명보험회사에서는 일정 기간의 성별 및 연령별 사망 상황을 통계적으로 정리한 '생명표'에 근거하여 보험료를 산출한다. 특정 개인이 사고를 당할 확률과 수명을 예측할 수는 없지만, 어느 정도 집단으로 보면 사고가 일어날 비율과 사망하는 사람의 수를 대략 예측할 수 있다. 이러한 방식에 따라 작성한 생명표를 토대로 생명보험회사는 보험료를 산정한다.

생명표에서 알 수 있는 점은 어떤 연령의 사람이 앞으로 몇 년 동안 살 수 있는가, 1년 이내로 사망할 확률은 어느 정도인가 등이다. 과거의 통계에서 얻은 사망률을 바탕으로 산정하는 보험료는, 사망률이 크게 상승하면 보험금 지급액이 늘어날 것으로 예상되므로 보험료를 높게 설정하고, 사망률이 낮아지면 보험료도 낮춘다. 그렇기 때문에 사망률이 변화하면 보험료가 갱신되기도 한다.

생명표에는 '완전생명표'(국민 전체를 대상으로 한 것)와 '간이생명표'가 있다. 국세조사를 바탕으로 한 완전생명표는 5년마다 작성하고, 간이생명표는 인구 추계와 인구 동태 통계를 바탕으로 매년 작성한다.

## 생명보험회사가 보험료를 정하는 방법

**생명표(여)** 　2018년　　　　　　　　　　　　　　※ 일본 후생성 홈페이지 발췌

| 연령 | 생존 수 | 사망 수 | 생존율 | 사망률 | 사망력 | 정상 인구 | | 평균 여명 |
|---|---|---|---|---|---|---|---|---|
| $x$ | $l_x$ | $_nd_x$ | $_np_x$ | $_nq_x$ | $\mu_x$ | $_nL_x$ | $T_x$ | $e_x$ |
| 50 | 98 034 | 145 | 0.99852 | 0.00148 | 0.00142 | 97 962 | 3 731 745 | 38.07 |
| 51 | 97 889 | 159 | 0.99838 | 0.00162 | 0.00155 | 97 811 | 3 633 783 | 37.12 |
| 52 | 97 730 | 174 | 0.99822 | 0.00178 | 0.00170 | 97 645 | 3 535 972 | 36.18 |
| 53 | 97 557 | 189 | 0.99807 | 0.00193 | 0.00186 | 97 463 | 3 438 327 | 35.24 |
| 54 | 97 368 | 202 | 0.99792 | 0.00208 | 0.00201 | 97 268 | 3 340 864 | 34.31 |
| 55 | 97 166 | 215 | 0.99779 | 0.00221 | 0.00215 | 97 060 | 3 243 596 | 33.38 |
| 56 | 96 951 | 226 | 0.99767 | 0.00233 | 0.00227 | 96 839 | 3 146 536 | 32.45 |
| 57 | 96 726 | 237 | 0.99755 | 0.00245 | 0.00239 | 96 608 | 3 049 697 | 31.53 |
| 58 | 96 489 | 250 | 0.99741 | 0.00259 | 0.00252 | 96 365 | 3 953 088 | 30.61 |
| 59 | 96 239 | 268 | 0.99721 | 0.00279 | 0.00269 | 96 106 | 3 856 723 | 29.68 |
| 60 | 95 970 | 291 | 0.99696 | 0.00304 | 0.00291 | 95 827 | 2 760 617 | 28.77 |
| 61 | 95 679 | 318 | 0.99667 | 0.00333 | 0.00318 | 95 522 | 2 664 790 | 27.85 |
| 62 | 95 361 | 346 | 0.99638 | 0.00362 | 0.00348 | 95 190 | 2 569 268 | 26.94 |

통계적으로 정리한 표를 이용하여
사망 연령의 경향을 조사해요.

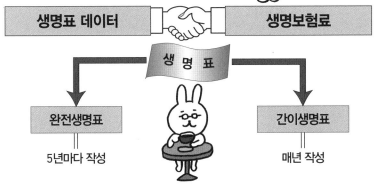

**생명표 데이터** 🤝 **생명보험료**

생 명 표

**완전생명표** → 5년마다 작성

**간이생명표** → 매년 작성

한마디 메모

온라인 판매형 보험은 방문판매원 등 대면 판매보다
인건비가 적게 들어요. 보장 내용이 비슷해도
생명보험회사에 따라 보험료가 다른 이유 중의 하나지요.

# 13 신상품 개발에 중요한 역할을 하는 통계학

'영감을 받아야 신상품을 개발한다!' 는 사고방식은 이제 시대에 뒤처졌다 해도 좋을 것이다. 예전에는 상품 개발을 경험과 감으로 승부하는 것으로 생각하기도 했다. 그렇지만 요즘 시대에는 아이디어가 좋다고 해도, 수학이 뒷받침되지 않는 신상품을 개발하여 성공으로 이끌기는 어렵다고 생각된다.

예를 들어 요즘 젊은 사람들은 밥보다 파스타를 좋아하고, 근처에 대학이 있으니 파스타 메뉴 전문점을 내고자 한다고 하자. 그렇다면 과연 파스타 메뉴 전문점으로서 수지타산이 맞을지 어떨지를 알기 위해서는, 입지, 고객층, 가격 설정, 네이밍 등 광범위하게 조사해야 한다. 젊은 사람들의 경향 파악도 해야 하지만, 직감에만 의존해서는 위험하다. 다양한 데이터를 이용하여 객관적인 시점으로 접근하지 않으면 그저 유행에 따른 가게를 내게 될 뿐이다. 여기서 통계학이 중요해진다. 통계학을 상품 개발에 적용한다는 것은, 경험과 직감처럼 주관적인 발상에서 숫자라는 객관적인 것으로 사고방식을 크게 바꾸는 일이기도 하다.

데이터에는 질적 데이터와 양적 데이터가 있다. '질적 데이터'란 종류를 구별하거나 분류를 나타내기만 한 것으로, 성별, 학력, 날씨 등 직접 수치로 측정할 수 없는 데이터이다. 이에 반해 '양적 데이터'는 수치로 측정할 수 있는 데이터를 말하며, 길이, 무게, 부피, 금액 등이 이에 해당한다.

상품 종류는 질적 데이터로 분석하고, 매상은 양적 데이터를 이용한다. 이러하듯 통계상의 데이터는 무엇을 어떻게 분석할지 필요에 따라 달리 사용한다. 통계는 객관적이기 때문에 많은 사람이 납득할 수 있다.

신상품 · 질적 데이터로 분석

입지

가격 설정

고객층

네이밍

객관적인 시점에서 데이터를 분석

양적 데이터로 분석

유행

직감

신상품 개발

실패!!

신상품 개발에 중요한 역할을 하는 통계학

데이터에는 질적 데이터와 양적 데이터가 있어요.
통계는 수학으로 표현하기 때문에
다양한 사항을 객관적으로 정확히 분석하는 데 활용해요.

한마디메모

통계학과 관계가 깊은 마케팅이란, 고객이 진심으로
원하는 상품과 서비스를 만들고, 더 나아가 그 가치를
고객이 효과적으로 얻을 수 있도록 하기 위해 어떻게 하면
좋을까를 생각하는 일이에요.

# 14  학력을 측정하는 수단으로 활용하는 표준점수란?

표준점수는 지원할 고등학교와 대학교를 선택할 때 없어서는 안 될 것이 되었다.

표준점수는 시험 점수 결과가 아니라 시험을 본 사람 전체 중의 순위(=위치)를 나타내는 것으로, 단순히 점수로 볼 때보다 객관적인 값을 알 수 있다.

표준점수는 점수에서 평균 점수를 뺀 값을 표준편차로 나누고, 구한 값에 20을 곱한 다음 100을 더해서 구한다. 즉 표준점수는 표준편차와 평균 점수를 알면 누구나 구할 수 있다. 표준점수가 50이라면 평균 점수와 같고, 표준점수가 50보다 높으면 높은 점수를 땄다는 뜻이며, 50보다 낮으면 낮은 점수밖에 따지 못했다는 의미이다.

표준점수를 비교하면 시험 난이도가 달라도 전체 중 자신의 위치를 파악할 수 있어서 편리하다. 예를 들어 수학 모의고사를 두 번 봤는데, 첫 번째에는 50점을, 두 번째에는 80점을 받았다고 하자. 점수만 보면 30점이나 오른 듯하지만, 난이도를 고려하지 않았기 때문에 비교가 되지 않는다. 여기서 같은 시험을 본 사람 중에서의 위치, 즉 표준점수로 비교하면 점수보다도 객관적으로 비교할 수 있다.

표준점수는 시험을 본 사람 수가 적은 경우에는 도움이 되지 않는다. 데이터 수(시험을 본 사람 수)가 많고, 득점 분포가 산 모양이며 좌우 대칭인 그래프(정규분포 그래프)일 때 유효하다. 득점분포가 정규분포인 경우로 한정되지만, 이 조건을 충족할 때 표준점수 80 이상은 상위 0.13%, 표준점수 70 이상은 상위 2.2% 이내임을 나타낸다.

## 표준점수를 내는 방법

$$\text{표준점수} = \frac{\text{점수} - \text{평균 점수}}{\text{표준편차}} \times 20 + 100$$

### ● 표준편차란

데이터의 편차 크기를 나타내는 것으로 데이터 값과 평균값의 차
(편차)를 제곱해서 평균한다. 이것을 변수와 같은 단위로 나타내기
위해 제곱근을 취한 표준편차가 가장 자주 이용된다.
표준편차는 보통 $\sigma$(Σ의 소문자)로 표기한다(33쪽 참조).

$$S = \sqrt{\frac{1}{n} \sum_{i=1}^{n} (x_i - \bar{x})^2}$$

$S \Rightarrow$ 표준편차  $\quad x_i \Rightarrow$ 데이터 값
$n \Rightarrow$ 데이터의 총 개수  $\quad \bar{x} \Rightarrow$ 평균

### ● 평균 점수가 55 점이고 표준편차가 15 인 경우

A군  70점  $\dfrac{70-55}{15} \times 20 + 100 = 120$

B군  40점  $\dfrac{40-55}{15} \times 20 + 100 = 80$

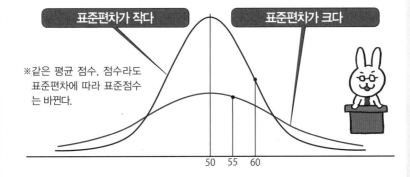

표준편차가 작다

표준편차가 크다

※같은 평균 점수, 점수라도
표준편차에 따라 표준점수
는 바뀐다.

50  55  60

한마디메모

입시 때 학원 등에서 모의고사에 자주 이용되는
표준점수는 상대적인 수치예요. 그리고 표준점수 55인
사람이 표준점수 60인 학교에 합격하기도 하지요.
표준점수는 하나의 지표로 생각해 주세요.

학력을 측정하는 수단으로 활용하는 표준점수란?

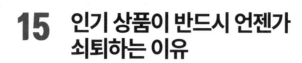

# 15 인기 상품이 반드시 언젠가 쇠퇴하는 이유

　　폭발적으로 유명해진 인기 상품은 어느 시대에나 존재한다. 그렇지만 사회 현상을 일으킬 정도의 인기 상품이라고 해도 언제까지나 그 인기를 지속할 수는 없다. 통계적으로 아무리 인기가 있는 상품이어도 반드시 쇠퇴하는 이유가 증명되었기 때문이다.

　인구 증가와 생물 번식 등의 변화를 추적 조사해 보면 비슷한 곡선을 그리는데, 이 곡선을 '성장 곡선'이라고 한다. 로지스틱 곡선은 성장 곡선의 하나로, 처음에는 시간이 걸리며 천천히 상승하고 어떤 시기부터는 가속도가 붙으며 점점 빠르게 성장한다. 성장기가 지나면 마침내 상승을 멈추고 곡선이 완만해지며 안정기에 들어선다.

　이러한 변화를 나타낸 곡선이 성장 곡선으로, 내구 소비재의 보급 과정 등을 기술하는 데 이용된다. 인기 있는 패션과 게임 등 상품의 팔림새도 이 곡선과 들어맞으며 비슷한 변화를 보인다.

　성장기에서 안정기로 들어서면, 안정기 동안 곡선에 별다른 변동 없이 이어지다가 하강 곡선을 그리는 경우가 많다. 인기 상품은 많은 사람이 사기 때문에 매상이 늘어나지만, 어느 시점에서 멈추는 경우가 자주 발생한다.

　완만한 안정기에 들어선 다음에는 하강하는 경우가 있으므로, 변동이 적은 시기를 가능한 한 오래 유지하는 일이 중요하다. 완만하게 이어지며 변동이 없는 시기는 상품이 얼마나 폭넓게 보급되는지를 나타낸다. 상품이 모든 소비자에게 보급되면 그 어떤 인기 상품이라 해도 대부분의 경우 하강 곡선을 그리는 운명을 맞이한다.

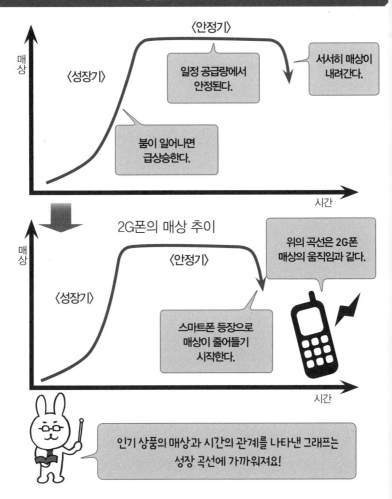

# 인기 상품은 언젠가 쇠퇴한다

폭발적으로 팔린 상품도 영구적으로 계속 팔리는 일은 없어요. 엄청난 기세로 늘어난 휴대 전화와 스마트폰의 보급도 그중 하나지요. 어느 정도 보급되고 나면 상품의 매력이 줄어들어요.

# 16 빅데이터는 어떻게 활용할까?

'빅데이터'라고 하면 많은 양의 데이터를 상상하는데, 사실은 그뿐만이 아니라 다양한 종류와 형태를 포함하는 방대한 데이터의 집합체를 말한다. 지금까지 간과했던 데이터 종류를 관리함으로써, 사회와 비즈니스에 유용한 사항을 추출하고 분석을 더하여 새로운 시스템의 하나로 이용하는 방법이 주목받고 있다.

빅데이터를 통계적으로 활용함으로써 경제 발전과 상품 개발에 도움이 되는 활용법도 고안하고 있다. 빅데이터의 보급과 관련하여 근래에 들어 급속히 발달한 컴퓨터와 인터넷에 큰 영향을 받은 것은 물론이고, 이메일과 동영상 등 데이터를 초고속으로 처리할 수 있게 한 기술도 간과할 수 없다.

빅데이터의 구체적인 예를 들자면 오피스 데이터, 소셜 미디어 데이터, 웹사이트 데이터, 기상 정보, 방범 카메라 등이 있다. 컴퓨터 사용 상황, 승차 이력, 통행 기록, 회원 카드 등 다양한 곳에 온갖 데이터가 존재한다.

이 중에서 필요한 데이터를 조합하여 각기 목적에 맞는 정보를 입수하고, 상품 개발과 소비자가 원하는 서비스를 제공하는 데에 이용한다.

SNS를 통해 감기가 유행하기 시작한 사실을 알았다고 하자. 기상 정보에 주목하여 기온과 습도 데이터를 조합하고, 추후 동향을 검증해서 앞으로 감기가 어떻게 유행할지 예측할 수 있으며, 이로써 대책도 세울 수 있게 된다.

경영 현장에서는 이미 소비자의 수요와 재고 관리 등에 활용되고 있으며, 정밀도가 높은 생산 계획 실행에 도움이 되고 있다.

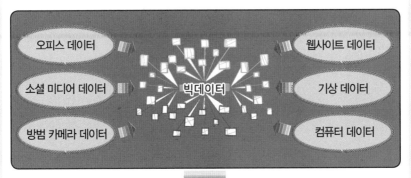

| 오피스 데이터 | 빅데이터 | 웹사이트 데이터 |
| 소셜 미디어 데이터 | | 기상 데이터 |
| 방범 카메라 데이터 | | 컴퓨터 데이터 |

**경제 발전과 상품 개발에 도움이 된다.**

**감기가 유행하기 시작**  **기상 데이터를 활용**

**앞으로 감기가 어떻게 유행할지 예측한다.**

많은 통계 데이터의 집단인 빅데이터는
쾌적한 일상생활을 보낼 수 있도록 도움을 주고 있어요!

한마디 메모

빅데이터는 데이터의 양이 너무 많아진 나머지
일반 컴퓨터로 분석할 수 있는 용량을 넘는 경우가 있어요.
활용할 데이터 선택도 중요해요.

# 17 통계학에서 태어난 AI(인공지능)

예전에는 꿈같던 자율주행 자동차도 지금은 현실이 되었다. 장애물 앞에서 정지하는 것은 물론이고 신호기를 읽는 것부터 차선 변경에 이르기까지를 판단하여 목적지에 도달한다.

인간과 동일하게 현명한 판단을 할 수 있는 자율주행 기술은 AI(인공지능)에 의한 것이다.

'AI(Artificial Intelligence)'란 인간의 뇌가 행하는 지적인 작업을 컴퓨터를 통해 모방한 시스템이다. 로봇이 입력된 프로그램을 실행할 뿐인 데에 비해, AI는 스스로 사고하는 능력을 갖추고 있다는 점이 다르다. 로봇은 프로그램 이외의 일에 대해서는 대응할 수 없지만, AI는 한 번 만들면 그 이후에는 차례차례로 정보를 받아들임으로써 발전해 갈 수 있다. 그렇기에 'AI가 인간의 사고 능력을 넘을 수 있지 않을까?' 하는 문제도 제기되고 있다.

인공지능이 태어난 배경에는 대량의 데이터를 수집하여 진실을 찾고자 하는 통계학이 존재한다. AI는 빅데이터를 바탕으로 학습을 거듭하며 판단 능력을 키운다고 할 수 있다.

최근에 화제가 된 인간 vs AI의 바둑과 장기 대국이 있었다. 처음에는 인간에게 기본 프로그램을 배움으로써 대국을 이해하지만, 마침내 과거의 방대한 양의 대전 기록을 배우고 경험을 쌓아가며 사람보다 강해진다. 빅데이터를 구사할 수 있는 AI는 인간의 능력과는 비교가 되지 않는 속도로 대전 기술을 익힐 수 있기 때문이다.

그렇게 생각하면 AI는 인간에게 기본을 배우는 것에서 시작하여 빅데이터를 활용하며 학습해 가므로, 통계학으로부터 태어났다고 할 수 있다.

AI(Artificial Intelligence)

인간과 마찬가지로 현명한 판단을 할 수 있다.

| 인공지능 | 빅데이터 |
|---|---|

대량의 통계 데이터가 인공지능을 창조했다.

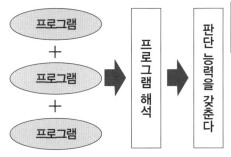

프로그램
+
프로그램
+
프로그램

프로그램 해석

판단 능력을 갖춘다

AI (인공지능)로 인해
생활양식이 변하고 있어요.

한마디메모

인공지능, AI의 발전에 따라 앞으로 '사라질 직업'과
'없어질 일'이 있을 것으로 예상돼요. 단순 작업 등
기계가 잘하는 분야에 크게 관계된 직업과 일은
없어질 가능성이 높아요.

# 18  가계 조사의 구조와 숫자로부터 알 수 있는 점

'가계 조사'란 국민의 생활과 생계를 파악하기 위해 일본 총무성 통계국이 실시하는 통계 조사이다. 가계 조사는 국가가 모든 행정 구역을 통해 실시하며, 국민의 가계수지와 개인 소비 동향을 파악하고 나라의 경제와 사회 정책 입안을 위한 기초 자료로 활용된다.

각 지역의 장관에게 임명된 통계조사원이 조사 대상 가구에 가계부를 배부하여 조사한다. 무작위로 선택된 조사 가구는 매일의 수지에 대해 가계부에 기재한다. 동시에 과거 1년간의 연간 수입을 연간 수입 조사표에, 저축 및 대출금을 저축 등 조사표에 기재한다.

보름마다 조사원이 조사 가구에 방문하여 가계부를 회수해서 행정 구역에 보낸다. 각 행정 구역에서 수집한 가계부는 총무성 통계국으로 보내지고, 총무성 통계국에서는 가계부의 내용을 검사한다. 집계된 조사 결과(=데이터)로 뽑은 통계표는 이후 관청 및 행정 구역에 배부되고 보도된다. 이렇게 실시한 가계 조사의 보고 결과로부터 다음과 같은 사항을 알 수 있다.

가구의 수입과 품목별 지출 금액을 비롯하여 전국 평균과 각 행정 구역을 비교할 수 있다. 연령 계층별 가구의 가계수지도 알 수 있다. 각 행정 구역별로 품목별 지출 금액의 순위 등 세세한 사항도 알 수 있다. 그밖에도 행정상의 시책에도 이용된다. 식료품 수급과 가격 분포 등을 조사하여 소비자 물가지수를 구하는 등에 이용한다.

가계 조사는 국민 생활 동향을 파악하는 기본이 되는 통계로 자리매김하였으며, 국가 정책에도 큰 영향을 준다고 평가된다.

| 가계 조사 |  | 전국 가구를 대상으로 조사 |

**가구수 조사 선정** ➡ 3단 층화추출법

- 제1단 시 · 읍 · 면
- 제2단 단위 구
- 제3단 가구

## ● 가구 수 할당

※ 일본 총무성 통계국 홈페이지에서 발췌

| 지역 | 조사 시·읍·면 수 | 2인 이상의 세대수 조사 | 1인 가구수 조사 |
|---|---|---|---|
| 전국 | 168 | 8,076 | 673 |
| 각 행정 구역 도청 소재지 및 대도시 | 52 | 5,472 | 456 |
| 인구 5만 이상인 시 (상기 시 제외) | 74 | 2,100 | 175 |
| 인구 5만 미만의 시 및 읍·면 | 42 | 504 | 42 |

(가구)

## 가계 조사에서 알 수 있는 것

- 가구의 수입
- 가구의 가계수지
- 품목별 지출 금액

… 등

가계 조사는 국민의 생활상을 파악하고, 국정에 영향을 주는 중요한 통계 데이터 중 하나예요.

**한마디 메모**

가계 조사는 일본 국내의 가계 지출을 통해 개인 소비를 파악하는 조사인데, 2002년부터는 저축과 부채에 대해서도 조사하기 시작했으며, 조사 결과는 가계수지편과 저축 및 부채편으로 나누어 발표돼요.

가계 조사의 구조와 숫자로부터 알 수 있는 점

# 19 부정확한 통계는 무엇에 영향을 미칠까?

일본 후생노동성에서는 매달 노동자 통계 조사를 공표한다. 이는 노동자 한 명당의 현금 급여 총액(명목임금)과 물가 변동의 영향을 뺀 실질 임금을 나타내는 것으로, 나라의 경제 상황을 보여 주는 중요한 통계 조사의 하나로 여겨진다. 조사 결과는 국내총생산(GDP) 산출과 고용 보험 지급액을 결정하는 기준으로도 이용된다.

이렇게 중요한 통계 조사를 후생노동성이 15년 동안 오랜 기간에 걸쳐 부적절한 방법으로 조사했다는 사실이 발각되었는데, 이를 '부정확한 통계'라 부른다.

본래 도쿄 내에 있는 근로자 500명 이상의 기업 모두가 조사 대상(전수조사)인데 3분의 1만 조사했던 것이다. 3분의 1만 조사했으며 적절한 통계 처리도 하지 않은 탓에, 다른 지역에 비해 대기업이 많아 높아야 할 도쿄의 임금이 낮아졌다.

그 결과 고용 보험의 실업 급여 지급액이 낮게 설정되었으며, 1,900만 명 이상의 사람에게 영향을 미쳤다고 한다. 매달 노동자 통계는 임금뿐만이 아니라 노동 시간에 대해서도 조사하는데, 야근 등도 포함한 근로 환경의 변화를 파악하는 데에도 중요한 통계이다.

2004년부터 이어져 온 부정확이 밝혀지면서 후생노동성(및 현재 정권)은 데이터를 수정해야 했는데, 거슬러 올라가 전부 부정하지 않고 2018년 이후의 데이터만 정정하고자 했다. 그 결과 2018년부터 갑자기 임금이 오른 듯이 보인다. 이러한 문제는 선진국으로서 있어서는 안 될 행위이다.

## 노동자 통계 조사

↓

### 노동자 한 명당의 실질 임금을 나타낸다.

### 부정확한 통계는 무엇이 문제일까?

○ 올바른 조사 방법　　　✕ 틀린 조사 방법

| 도쿄 내에 있는 근로자 500명 이상의 기업 | 도쿄 내에 있는 근로자 500명 이상의 기업 |
|---|---|
| ↓ | ↓ |
| 모두 조사 | 3분의 1만 조사 |

도쿄의 임금은 다른 지역에 비해 높은 경향을 보여요.
3분의 1만 조사하면 노동자 전체의 임금이 낮아지게 돼요!

**실질 임금이 낮아진다.** ➡ **실업 급여금이 낮아진다.**

2004년부터 부정확 통계가 계속되었다.

한마디 메모

통계를 신뢰할 수 없는 국가는 국제 사회에서도
신용 가치가 없는 국가로 전락하게 돼요. 부정확 통계는
일본의 신뢰도를 위협하는 중대한 문제예요.

부정확한 통계는 무엇에 영향을 미칠까?

# 당첨 확률이 낮으면 당첨금이 방대하게 부풀어 오른다

　　통계와 확률은 밀접한 관계가 있다(제5장 참조). 여기서 복권의 당첨 확률에 대해 생각해 보자. 일본에서 발매하는 다카라쿠지, 로또7, 로또6, toto 등은 고액 상금을 손에 넣을 수 있는 대표적인 복권이다. 최고 금액이 10억 엔인 것도 존재한다.

　　10억 엔에도 정신이 아찔해지는데, 세계적으로 보면 터무니없는 금액의 복권이 발매되고 있다. 그중에서 '슈퍼 에날 로또'라는 복권이 있다. 이탈리아에서 1997년부터 발매되는 숫자 선택 복권으로, 일본의 로또6과 비슷하다. 로또6은 1부터 43까지의 숫자 중에 여섯 개를 고르는데, 슈퍼 에날 로또는 1부터 90까지의 숫자 중에 6개를 고르는 방식이다. 고른 숫자가 전부 일치하면 1등에 당첨되는데, 당첨될 확률은 6억 2,261만 4,630분의 1이다. 로또6의 1등 당첨 확률이 609만 6,454분의 1이므로, 얼마나 당첨 확률이 낮은지 알 수 있다.

　　2009년 8월 22일 추첨분 중 바뇨네에 사는 이탈리아인이 1억 4,780만 7,299유로를 획득했다는 기록이 남아 있다. 당시의 환율이 1유로=134엔 정도였으니, 일본 엔으로 환산하면 약 200억 엔이나 된다.

당첨 확률에 반비례하여 당첨금도 당연히 커지는데, 세상에는 100억 엔을 넘는 상금이 존재한다니 놀라워요!

그렇지만 '위에는 위가 있다'는 속담이 있듯이 미국의 숫자 선택 복권 '파워볼'에서는 일본 엔으로 환산하여 약 1,700억 엔이나 되는 당첨금이 등장했으니 놀라울 따름이다. 일본과 달리 미국에서는 당첨금에 세금이 부과된다. 수령 방법도 두 가지가 있는데, 즉시 받는 돈은 세금을 포함하여 반 정도를 떼인다. 그렇게 해도 850만 엔이 남으니 미국은 참 대단한 나라이다. 참고로 잭팟(대히트) 확률은 3억 257만 5,350분의 1이다. 사람이 평생 벼락에 맞을 확률이 1,000만 분의 1이라고 한다.

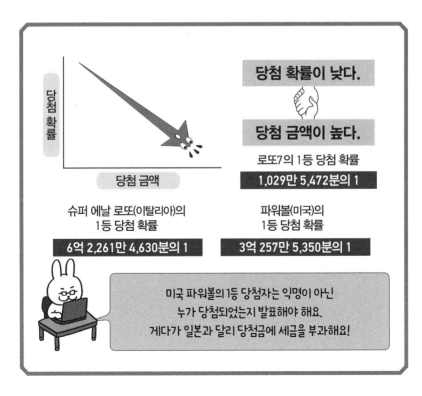

당첨 확률이 낮으면, 당첨금이 방대하게 부풀어 오른다

당첨 확률

당첨 금액

당첨 확률이 낮다.

당첨 금액이 높다.

로또7의 1등 당첨 확률
1,029만 5,472분의 1

슈퍼 에날 로또(이탈리아)의
1등 당첨 확률
6억 2,261만 4,630분의 1

파워볼(미국)의
1등 당첨 확률
3억 257만 5,350분의 1

미국 파워볼의 1등 당첨자는 익명이 아닌
누가 당첨되었는지 발표해야 해요.
게다가 일본과 달리 당첨금에 세금을 부과해요!

**칼럼 ⑨**
COLUMN

## 복권으로 '꿈을 사는' 것은 기댓값으로부터?

54쪽에서 다루었듯이 일본에서는 약 10억 엔이 당첨될 수 있는 복권이 발매되고 있는데, 해외를 둘러보면 100억 엔을 훌쩍 넘는 거대 당첨금이 지급되는 복권도 존재한다.

사람은 고액 당첨금에 관한 화제를 들으면 다음에는 자신도 당첨될지 모른다는 심리 작용으로 무의식중에 복권을 사고 만다. 연말 점보 복권으로 수억 엔의 당첨금을 받을 꿈을 꾸며 사는 것도 이해된다.

도쿄 긴자 역 앞에 있는 복권 찬스 센터에서는 항상 1등 당첨자가 나온다. 발매 장수가 많으니 1등 복권이 나오는 것도 당연하다는 의견도 있지만, 역시 1등 당첨금이 나오는 매장에서 구매하면 꿈에 부풀게 된다.

2018년 연말 점보 복권의 1등 상금은 7억 엔이었다. 그 확률은 2,000만 분의 1이다. 확률이 낮다는 사실을 알아도 사지 않으면 절대로 당첨되지 않는다. 복권의 기댓값을 계산하면 약 45%가 된다는 사실을 알지만, '꿈을 산다'는 점을 생각하면 비싸지만은 않을지도 모른다.

# 제 **3** 장

인물

## 통계학자에게 배우는
## 통계학

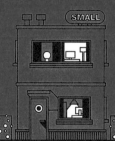

국세조사의 기원

# 아우구스투스

기원전 63~기원후 14년

　　　　　고대 로마 제국 초대 황제인 아우구스투스(옥타비아누스) 시대에 이미 지금과 같은 국세조사에 해당하는 인구 조사가 이루어졌다. 아우구스투스의 처음 목적은 로마 시민권을 가진 17세 이상인 성년 남성의 명수, 즉 병역 해당자의 수를 정확히 파악하기 위함이었다. 그렇지만 그는 성년 남자로 한정하지 않고 여성, 어린이, 노예까지도 조사 대상으로 포함해 국민 전원의 현황을 폭넓게 조사했다. 조사를 통해 나라의 인구를 정확히 파악하게 되었고, 이를 새로운 정책에 적용하여 모든 국민을 대상으로 공평한 징세 시스템을 구축했다. 더불어 아우구스투스의 머릿속에는 병역에 종사한 병사에게 지급하는 보수에 대한 생각이 있었다. 당시 병역에 해당하는 성인 남성은 400만 명 이상이라고도 하며, 퇴역 군인에게 지급되는 퇴직금의 재원을 확보할 필요가 있었다. 나라의 인구를 정확히 파악함으로써 징세 시스템을 구축하고 병역을 마친 남성에게 지급할 퇴직금 제도를 확립한 것이다.

　　당시 '켄수스'라 불린 이 조사는 지금의 국세조사를 의미하는 '센서스'의 어원이라 한다.

포인트!

《루가의 복음서》에 따르면 예수 그리스도가 태어났을 때도 국세조사가 이루어졌다는 기록이 있다고 해요.

확률론에서 도박을 언급

# 지롤라모 카르다노

1501년 0월 24일~1576년 0월 21일

밀라노 태생인 지롤라모 가르다노는 3차 방정식에 허수 개념을 도입하는 등 대수학 관련 업적으로 알려진 수학자로서 유명하다. 레오나르도 다 빈치의 친구였던 그의 아버지는 수학에 뛰어난 변호사였다. 카르다노는 그러한 아버지의 사생아로 태어났다. 카르다노는 대학에서 의학을 배웠는데, 다른 사람들과 잘 어울리지 못하여 특이한 사람 취급을 당했다.

그러한 성격 탓인지 대학을 졸업하고도 좀처럼 일자리를 구하지 못했다. 어찌어찌 의사가 되어 장티푸스와 알레르기 발견, 비소 중독 연구 등으로 일약 유명 인사가 되었다. 한편으로 친구가 없고 돈을 함부로 쓰는 노름꾼이기도 했던 카르다노는, 도박에서 이기고 싶은 마음에 우수한 두뇌를 활용하여 확률론을 이용하여 도박에 임했다. 당시에는 아직 도박이란 감과 경험으로 승부하는 것이라는 생각이 일반적이어서 확률로 계산하는 방법이 없었다. 그렇지만 확률론으로부터 도출한 카르다노의 도박 승률은 높았던 모양이다. 이후에 탄생한 추측통계학은 카르다노의 도박에서 이기기 위한 확률론이 바탕이 되었다.

포인트!

확률론을 확립할 정도로 도박을 좋아했던 카르다노이지만, '노름꾼에게 최대의 이익은 노름을 하지 않는 것이다'라는 말을 남겼어요.

인구조사와 정치 산술

# 존 그랜트

## 1620년~1674년

17세기 영국에서는 교구 기록을 집계함으로써 인구를 파악했다. 교구 기록 자체는 단순히 축적된 데이터일 뿐이었지만, 영국 상인이었던 존 그랜트는 이 데이터에 주목하여 정리와 분석을 시도했다.

그랜트는 데이터를 이용하여 인구 변화와 지역에 따른 사망 이유의 비율 등을 조사하였고, 지역에 따라 인구의 추이에 어떤 경향이 존재함을 발견했다. 예를 들어 태어난 아이의 약 30%는 6살 이하일 때 사망하고, 수명이 다 되어 죽는 사람은 인구의 약 1%밖에 되지 않으며, 남성 인구를 차지하는 비율은 시골보다 도시가 높다 등과 같은 기록이 다수 남아 있었다. 그랜트는 데이터를 집계하고 분석해 가는 동안 사회 현상에 규칙성이 있다는 점에 주목했다. 그때까지 통계라 불리던 것은 데이터를 세서 총수를 산출하는 것뿐이었기에, 그랜트가 올린 보고는 당시로서 굉장히 획기적이었다. 그는 이 수법을 '정치산술'이라 명명했다.

포인트!

통계학이란 말은 18세기에 처음으로 등장했어요. 정치가이자 경제학자였던 영국의 존 싱클레어가 사용하기 시작했다고 해요.

경제학과 통계학의 시조

# 윌리엄 페티

1623년 5월 27일~1687년 12월 16일

　　16세기 유럽에서는 각국이 세력을 경쟁하게 되면서 나라를 확장하기 위해서는 인구와 무역이 중요하다고 여기게 되었다. 17세기에는 인구와 산업을 숫자로 파악하는 데에 관심이 높아지며, 독일에서는 '국상학'으로서 조사와 연구가 진행되었다. 영국에서는 나라의 실태와 사회 구조를 수치화함으로써 국력을 파악하고, 미래에 대한 예측을 통계학적으로 생각하는 경우가 많아졌다. 이러한 생각은 '정치산술'이라 불리며 존 그랜트가 제창하였고, 친구였던 윌리엄 페티가 널리 알렸다고 한다. 그 후 페티는 《정치산술》이란 저서를 집필한다. 그가 저술한 《정치산술》은 나라의 통치에 관한 여러 사항에 대해 숫자를 이용하여 추측하는 방법을 다루고 있으며, 국제 정치 경제의 전문 서적과도 같은 존재였다. '정치산술'의 선구자였던 윌리엄 페티는 통계학의 시조라 불린다.

　　사실 윌리엄 페티는 경제학에서도 유명하다. 영국 고전 경제학의 시조라고도 불리며, 경제학사의 교과서에는 애덤 스미스, 리카도 등과 함께 첫 장에 등장한다.

포인트!

윌리엄 페티는 원래 선원이었지만 나중에 의사가 돼요. 또 근대 정치학자였던 토머스 홉스의 제자가 되는 등 재능이 많은 학자였어요.

### 일본 통계의 원류

# 도쿠가와 요시무네

1684년 11월 27일~1751년 7월 12일

　　　일본의 통계 조사에 대해 살펴보면 이미 다이카개신 즈음에는 반전 수수법에 따라 호적 조사가 이루어졌다는 기록이 있다. 도요토미 히데요시의 인소령(人掃令, 1592년)에 따라 인구를 파악하기 위해 전국적인 호적 조사를 시행했다. 그 후에도 에도 시대 3대 개혁의 하나인 교호 개혁 등으로 유명한 제8대 쇼군* 도쿠가와 요시무네는, 가톨릭 신자를 단속할 목적으로 전국 규모의 인구 조사를 했다. 대략 5년마다 조사를 했는데 무사를 대상에서 제외하거나 조사 방법이 다른 등 부정확하다는 문제점이 있었다.

　　메이지 시대가 되면서 서양의 통계학이 일본에 소개되었다. 후쿠자와 유키치와 오쿠마 시게노부들은 사회 상황을 한눈에 알 수 있는 통계의 필요성에 일찍부터 주목하여 통계원 설립에 진력하였다. 메이지 유신으로 서양의 학술서 번역과 편찬에 힘쓴 미쓰쿠리 린쇼는 통계학의 중요성에 관해 설명했다. 같은 시기, 스기 고지는 일본 인구 통계 조사의 필요성에 대해 호소했으며, 이후 근대 통계학의 시조라 불린다. 메이지 시대에 들어서며 국세조사에 관한 법률이 제정되었는데, 처음 국세조사를 실시한 것은 1920년이 되어서였다.

* 일본 바쿠후(막부)의 수장을 가리키는 칭호이다-역주

**포인트!**

메이지 시대가 되어 국세조사에 관한 법률이 제정되었는데, 러일 전쟁과 제1차 세계대전의 영향으로 1920년이 되어서야 제1회 조사가 실시됐어요.

현대 사회에 활용되는 베이즈 통계학

# 토머스 베이즈

1702년~1761년 4월 17일

영국의 목사이자 수학자였던 토머스 베이즈는 1700년대에 활약하며 베이즈 통계학의 기초를 다졌다. 그렇지만 베이즈가 고안한 '베이즈의 정리'는 그가 살아 있는 동안 세상에 알려지지 못했다. 베이즈가 세상을 떠난 후 친구였던 리처드 프라이스가 서류 중에서 베이즈의 정리를 발견하여 발표했는데, 당시 아무도 상대해 주지 않았다. 그 후 100년 이상 시간이 흐르고 수학자인 프랭크 램지가 발표하면서 간신히 베이즈의 정리가 주목을 받게 되었으며, 베이즈 통계학으로 알려졌다.

베이즈의 정리는 현재 우리가 일상적으로 사용하는 이메일에도 이용된다. 필요한 이메일과 불필요한 이메일로 나누어 주는 필터링 기능이다. 분리 기능을 베이지안 필터라고 하는데, 이는 베이즈의 정리를 이용한 기능이다.

베이즈의 정리란 어떤 일이 일어나기 전에 과거에서 일어났던 일의 확률을 바탕으로 이를 예상하는 방식이다. 베이즈의 정리는 확률을 바탕으로 한 인공지능에도 사용되는, 이제 없어서는 안 될 중요한 이론 중의 하나라고 할 수 있다.

포인트!

오랫동안 세상에 알려지지 못했던 베이즈의 정리가 주목받게 된 이유 중의 하나는, 제2차 세계대전 중에 나치의 암호를 해독하는 데 공헌했기 때문이에요.

콜레라의 감염원과 통계

# 존 스노우

1813년 3월 15일~1858년 6월 9일

19세기 초부터 영국에 콜레라의 대유행이 덮쳐 왔다. 그즈음 영국 북부에서 태어난 존 스노우는 아직 24살로, 의사가 되기 전이었지만 콜레라 환자를 간호하느라 분주하게 뛰어다녔다. 그 후 런던을 중심으로 다시 콜레라가 대유행하며, 이번에는 의사로서 마주 대하게 됐다. 이때는 콜레라균의 존재가 알려지지 않았던 시대였다. 스노우는 콜레라가 발생한 주변 정보에 대한 철저한 청취 조사를 비롯하여 대유행을 저지하고자 다양한 노력을 했다. 그 조사 및 분석 결과 그는 콜레라균이 음료수에 존재한다는 가설을 세웠다. 주민이 사용하는 우물물로 대상을 좁히고, 환자 발생 상황과 우물물의 관계로부터 콜레라의 감염원을 밝혀내는 데 성공했다. 반대하는 사람도 있었지만, 감염원으로 의심되는 우물물을 사용하지 못하도록 하자 발병자 수와 사망자 수가 격감했다.

스노우는 많은 조사 데이터를 수집하여 분석하고 통계를 내는 방법을 통해 그의 추측이 맞았음을 증명했다. 독일에서 코흐가 콜레라균을 발견한 것은 그로부터 약 30년 후인 1883년이었다.

포인트!

콜레라처럼 집단으로 퍼지는 전염병의 유행에 대해 연구하는 학문을 역학이라고 해요. 스노우는 콜레라에 관한 공적으로 역학의 아버지라 불리게 됐어요.

통계학의 발전에 기여

# 플로렌스 나이팅게일

1820년 5월 12일~1910년 8월 13일

　　플로렌스 나이팅게일이라고 하면 백의의 천사, '근대 간호학의 어머니'라 불리며 유명하지만 통계와 깊은 관계가 있다는 사실은 별로 알려지지 않았다. 나이팅게일은 어릴 적부터 고등교육을 받고 그녀 자신도 수학과 통계에 관심이 있었다고 한다.

　크림 전쟁 때 간호사단의 일원으로 야전 병원에 종군한 나이팅게일은 부상병을 간호하는 활동에 힘썼다. 그녀는 병원에 실려 온 부상병들이 전투로 입은 부상이 아닌, 그 후의 치료법과 위생상의 문제로 죽음에 이른다는 사실을 발견했고, 위생 상태를 개선하여 부상병의 사망률을 대폭 줄이는 데 공헌했다.

　통계에 정통했던 나이팅게일은 군의 부상병이 위생 상태 문제로 죽어 나가는 현황에 대한 데이터를 수집하고 분석하여 국회의원들을 상대로 프레젠테이션을 했다. 이러한 활약을 인정받아 여성 최초로 왕립 통계 협회의 회원으로 선발되는 등 통계의 선구자로서 이름을 남겼으며, 영국 사람들은 지금까지도 그녀의 이름을 기억한다.

포인트!

크림 전쟁 후에도 나이팅게일은 병원의 위생 관리에 계속 관심을 두고 통계 자료를 작성하여 세계 의료 제도의 개선에 지속해서 공헌했어요.

히스토그램의 고안자

# 칼 피어슨

1857년 3월 27일~1936년 4월 27일

데이터를 수집하고 집계하여 그 경향과 특징을 알기 쉽게 표와 그래프로 나타내는 통계를 기술통계학이라 한다. 20세기가 되어 통계학의 수요가 늘고, 추측통계학이라는 새로운 통계 방식도 생겨났다. 추측통계학에서는 랜덤화 방식에 따른 로널드 피셔가 유명한데, 기술통계학의 사고방식을 확립한 것은 영국의 칼 피어슨이다. 그는 히스토그램이라는 그래프로 수량 데이터를 나타내는 방법을 고안했다. 막대그래프는 양의 많고 적음을 비교하는 데 편리하지만 막대 사이에 틈이 없는 상태인 경우 히스토그램이 양적 데이터 분포의 퍼진 정도를 비교하는 데 적절하다. 분포가 퍼진 정도의 크기 단위를 나타내는 지표를 표준편차라고 한다. 피어슨은 히스토그램과 표준편차를 고안하여 통계학을 발전시키는 데 크게 공헌했다.

동시에 그는 유전과 생물의 진화를 통계적으로 분석하는 데도 힘썼다. 표준편차를 이용한 상관계수와 조사하는 표본, 대상 모집단의 실태가 한편으로 치우치지 않았는지 검증하는 카이제곱 분포 등의 방법도 개발했다. 이 모두 통계학에 큰 영향을 주었다.

**포인트!**

기술통계학을 완성한 피어슨과 추측통계학을 확립한 피셔는 모두 유전학을 배웠는데, 사고방식이 달라서 계속 격심하게 대립했어요.

랜덤화와 추계통계학

# 로널드 피셔

1090년 2월 17일 ~ 1962년 7월 29일

　　현대 통계학의 아버지로 불리는 로널드 피셔는, 어릴 적부터 수학적 재능에 눈을 뜸과 동시에 생물학에 관심이 많아서 대학생 시절에 우생학 연구회를 설립했다. 대학교를 졸업하고 제1차 세계대전이 발발했고 교직에서 일하면서 통계학과 유전학을 연구했다. 19세기부터 20세기 통계학에서는 집단의 규칙성에 통계학의 목적이 있다고 여겼으며, 규칙성을 발견하는 데는 대량의 표본을 관찰하는 방법밖에 없다고 생각했다. 다시 말하자면 표본을 조금밖에 구할 수 없는 경우 모집단의 규칙성을 구할 수 없다는 의미이다.

　　이러한 사례에 대응하는 방법으로 피셔가 생각한 것이 추측통계학이었다. 추측통계학이란 무작위로 추출한 표본집단(부분집단)에서 모집단의 성질과 특징을 추측하는 통계 방식을 말한다. 모집단에서 무작위로 추출한 표본을 늘려서 똑같은 작업을 무한으로 반복해 감으로써, 전체 중 일부일 뿐이었던 표본으로 모집단을 추측할 수 있게 된다는 사고방식이다. 이를 랜덤화라고 한다(90쪽 참조).

포인트!

통계학뿐만이 아니라 유전학 연구도 계속했던 피셔는, 아내와의 사이에서 태어난 8명의 아이에 대해 유전학적으로 고찰했다고 해요.

# 푸앵카레가 통계학으로
# 빵 가게의 부정을 밝혀낸 이야기

프랑스에 푸앵카레라는 통계학자가 있었는데, 그에 얽힌 흥미로운 일화가 있다.

푸앵카레는 매일 같은 빵집에서 한 개에 1,000g인 빵을 샀고, 항상 사 온 빵의 무게를 쟀다. 사람 손으로 만든 빵이니 다소 오차가 생기는 것은 당연하다. 당연히 무게가 1,010g이나 990g일 수도 있는데, 10g 정도는 오차로 인정되는 허용 범위일 것이다. 푸앵카레는 약 1년에 걸쳐 계속해서 빵의 무게를 쟀다.

빵의 무게를 나타내는 그래프는 정규분포가 되어야 하며, 한 개에 1,000g인 빵이므로 평균은 1,000g에 가까워야 한다. 그렇지만 푸앵카레가 실제로 계측한 데이터에 따라 작성한 그래프의 평균은 950g이었다(【도표 A】 참조).

빵집 주인은 기본적으로 950g인 빵을 만들고는 1,000g짜리 빵이라고 속여 팔고 있었던 것이다. 푸앵카레는 이 사실을 빵집 주인에게 전하며 부정을 고치도록 촉구했다.

그는 그 후에도 빵의 무게를 계속 쟀다. 그러자 이번에는 【도표 B】처럼 정규분포가 조금 이동했고, 평균은 950g보다 근소하게 많은 960g이었다(점선).

통계학에서 자주 등장하는 '정규분포'는 조사한 데이터의 전모를 파악하기 위해 활용해요.

푸앵카레는 그를 위해 1,000g짜리 빵을 조금만 만들어 팔았다는 사실을 니디내는 그래프임을 간파했다. 950g 이하의 빵을 줄이고 1,000g인 빵을 조금 늘렸을 뿐임을 보여주는 그래프였다. 빵집 주인은 여전히 1,000g이 되지 않는 빵을 팔고 있었다는 말이다.

많은 데이터를 수집하고 퍼진 정도를 그래프로 나타내면 평균값 부근에 집적하는 듯한 분포도가 만들어지는데, 이것이 통계학에서 말하는 정규분포이다.

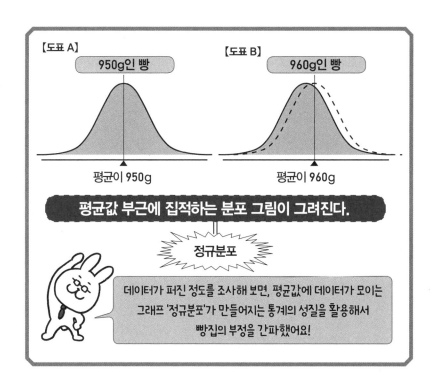

【도표 A】
950g인 빵
평균이 950g

【도표 B】
960g인 빵
평균이 960g

평균값 부근에 집적하는 분포 그림이 그려진다.

정규분포

데이터가 퍼진 정도를 조사해 보면, 평균값에 데이터가 모이는 그래프 '정규분포'가 만들어지는 통계의 성질을 활용해서 빵집의 부정을 간파했어요!

칼럼 ❹
COLUMN

## 사회 양극화는 무엇이 문제일까?

　　최근 '사회 양극화'란 말이 자주 들려온다. 세계 인구는 70억 명을 넘었고, 그중 약 10%가 빈곤에 처해 있다고 한다. 세계은행은 2015년에 국제 빈곤선을 1일 1.9달러로의 생활이라 설정했다. 이에 해당하는 사람이 약 7억 3,600만 명으로 파악되며, 이 수치를 기준으로 계산하면 세계의 빈곤율이 약 10%임을 알 수 있다.

　　1일 1.9달러로 생활한다는 것은 어떠한 상황일까? 참고로 일본, 미국, 영국, 프랑스, 독일의 '1인당 국민총소득(GNI)'은 각각 3만 9,881달러, 5만 8,876달러, 3만 9,333달러, 3만 7,412달러, 4만 3,174달러이다. 1일로 치면 각각 109달러, 161달러, 108달러, 102달러, 118달러이다. 빈곤층과 비교하면 약 50배부터 80배에 이르는데, 이 수치를 일반적으로 '경제 양극화'라고 한다. 그 외에도 '학력(學力) 양극화', '학력(學歷) 양극화', '계층 양극화' 등 양극화란 말이 자주 사용된다.

　　양극화가 확대되면 사회가 불안정해진다는 사실은 역사가 증명했다. 이러한 인식에 따라 21세기가 되면서 대중매체 등에서 '사회 양극화'란 말을 사용하며 문제로 제기하게 되었다.

# 제 4 장

분석

## 통계로 일본을 바라본다

## 20 5년에 한 번 시행하는 국세조사에는 어떠한 의미가 있을까?

현재 국세조사에서는 인구, 가구수, 산업 구조 등을 조사한다. 5년에 한 번 실시하며, 대규모조사와 간이조사를 번갈아 가며 실시한다. 1920년 일본에서 처음으로 국세조사가 이루어졌다. 2015년에는 제20회차 조사가 실시되었고 다음은 2020년으로 예정되어 있다. 국세조사의 조사 방법에는 두 종류가 있다. 하나는 대규모조사(조사 항목이 22개)이고, 다른 하나는 간이조사(조사 항목이 17개)이다. 조사하는 항목의 차이에 따라 나뉜다(조사 항목 수 등은 조사하는 해에 따라 바뀌는 경우도 있다). 10의 배수인 연도에는 대규모조사를, 그 의외의 연도에는 간이조사를 한다.

조사는 가구 단위로 실시한다. 가구란 주거와 생계를 함께하는 개인의 모임으로, 가족을 예로 들 수 있겠다. 그렇지만 친구끼리 집을 빌려(룸 셰어) 생활을 하는 경우 등 친족 관계가 아닌 사람들의 모임도 하나의 독립된 주거에 모여 거주하고 있는데, 이 경우에도 하나의 가구로 세도록 정해져 있다.

국세조사의 큰 목적 중 하나로, 정치와 행정 등에 통계수학을 제공함으로써 지방교부세의 배분과 중의원* 의원의 선거구 구획을 나누는 등에 사용하는 점을 들 수 있다.

민간 및 연구 부문에서 이용하는 것도 주요 목적에 해당한다. 경제 동향, 즉 시장 규모와 수요의 동향 등을 분석할 때 사용한다. 더불어 노동력 조사, 가계조사, 국민 생활 기초 조사, 미래 인구 추계의 기초 데이터 등에 사용된다. 2015년에 처음으로 인구가 감소했다. 일본이라는 나라를 파악하기 데에 중요한 기본 조사이다.

---

* 일본 국회를 이루는 의원 중 하나로, 미국 하원에 해당한다-역주

## 국세조사와 인구 변화

| | 실시 년도 | 조사 방법 | 조사 명수 |
|---|---|---|---|
| 제1회 | 1920년 | 대규모조사 | 55,963,053 |
| 제2회 | 1925년 | 간이조사 | 59,736,822 |
| 제3회 | 1930년 | 대규모조사 | 64,450,005 |
| 제4회 | 1935년 | 간이조사 | 69,254,148 |
| 제5회 | 1940년 | 대규모조사 | 73,114,308 |
| 제6회 | 1947년 | 간이조사 | 78,101,437 |
| 제7회 | 1950년 | 대규모조사 | 83,199,637 |
| 제8회 | 1955년 | 간이조사 | 89,275,529 |
| 제9회 | 1960년 | 대규모조사 | 93,418,501 |
| 제10회 | 1965년 | 간이조사 | 98,274,961 |
| 제11회 | 1970년 | 대규모조사 | 103,720,060 |
| 제12회 | 1975년 | 간이조사 | 111,939,643 |
| 제13회 | 1980년 | 대규모조사 | 117,060,396 |
| 제14회 | 1985년 | 간이조사 | 121,048,923 |
| 제15회 | 1990년 | 대규모조사 | 123,611,167 |
| 제16회 | 1995년 | 간이조사 | 125,570,246 |
| 제17회 | 2000년 | 대규모조사 | 126,925,843 |
| 제18회 | 2005년 | 간이조사 | 127,767,994 |
| 제19회 | 2010년 | 대규모조사 | 128,056,026 |
| 제20회 | 2015년 | 간이조사 | 127,094,745 |
| 제21회 | 2020년 | 대규모조사 | 예정 |

제1회차 조사

인구: 약 5,600만 명

1억 명 돌파

처음으로 인구 감소

국세조사 통계 데이터는 일본 국내 인구와 가구의 실태를 밝히고, 행정의 기초 자료로 사용해요.

한 마디 메 모

일본 국세조사의 원형은 1879년 스기 고지가 중심이 되어 현재의 야마나시현에서 실시한 '가이노쿠니 현재 인별장**'이라고 해요. 당시의 사회 정세로는 아직 조사가 가진 의미를 이해하지 못했어요.

5년에 한 번 시행하는 국세조사에는 어떠한 의미가 있을까?

** '가이노쿠니(甲斐国)'는 일본의 옛 지명으로, 현재의 야마나시현에 해당한다.
'인별장(人別帳)'은 에도 시대의 호적 대장이다─역주

# 21 통계 데이터가 보여 주는 초고령화 사회

　'고령화사회'란 총인구 중 65세 이상의 인구가 차지하는 비율이 높은 사회를 말한다. 그리고 65세 이상의 인구가 총인구에 대해 얼마만큼의 비율을 차지하는가를 나타낸 것을 '고령화율'이라 한다. UN의 발표에 따르면 2050년에는 세계 인구의 18%가 65세 이상이 될 것이라 한다. OECD(경제협력개발기구)는 모든 가맹국이 2050년에는 65세 이상의 1인 고령자를 생산가능인구(20~65세)의 약 세 명이 지탱하는 초고령 사회가 될 것으로 예측했다.

　일본도 예외는 아니다. 국세조사 결과에 따르면 1970년에 실시한 조사에서 7.1%였던 비율이, 1995년에 실시한 조사에서는 14.5%까지 증가했다. 일본 총무성이 발표한 2018년 9월 15일 시점의 추계 인구에 따르면 65세 이상의 인구는 3,557만 명으로, 총인구 중에 차지하는 비율이 28.1%까지 증가하여 과거 최고 기록을 경신했다. 인구의 4분의 1명이 65세 이상의 고령자라는 것을 의미하는 수치이다.

　고령화사회의 요인으로는 의료 기술 진보에 따른 평균수명 연장과 출생률 감소를 들 수 있다. 이 속도로 고령화사회가 진행된다면 2020년에는 고령화율이 29.1%, 2035년에는 33.4%에 이를 것으로 예상된다. 세 명 중 한 명이 65세 이상이 된다.

　고령화사회가 되면 어떠한 문제가 생길까? 우선 노동력 인구가 감소한다. 노동력이 부족하면 나라 전체의 GDP가 감소하여 경기가 악화된다. 그리고 고령자의 의료비와 연금을 유지하기 위해 세금이 높아질 가능성도 있다. 또한 고령자를 돌보는 인력 부족 문제도 무시할 수 없다. 통계 데이터를 바탕으로 진지하게 의논하고 싶은 부분이다.

## 일본의 고령화사회 실태

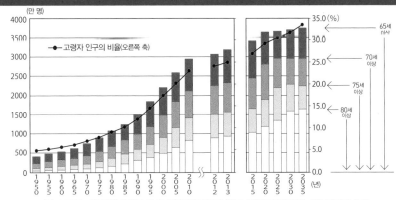

(만 명)

고령자 인구의 비율(오른쪽 축)

65세 이상
70세 이상
75세 이상
80세 이상

자료: 1947년~2010년은 '국세조사', 2012년 및 2013년은 '인구 추계' 2015년 이후는 '일본의 미래 추계
인구(2012년 1월 추계) / 출생(중위) 사망(중위) 추계(국립 사회 보장 및 인구 문제 연구소)를 바탕으로 작성
주의) 2012년 및 2013년은 9월 15일 현재, 그 밖의 연도는 10월 1일 현재
출처 · 일본 총무성 통계국의 자료

## 주요 국가의 고령화율 비교

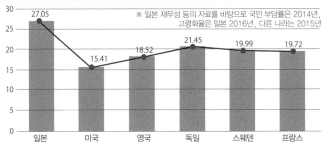

※ 일본 재무성 등의 자료를 바탕으로 국민 부담률은 2014년,
고령화율은 일본 2016년, 다른 나라는 2015년

27.05  15.41  18.52  21.45  19.99  19.72

일본  미국  영국  독일  스웨덴  프랑스

※ 《잠 못들 정도로 재미있는 경제 이야기》(일본문예사)에서 작성

고령화사회는 연금 문제는 물론이고 노동력 부족으로 인해
일본 경제 전체가 정체될 가능성도 있어요!

한마디 메모

출생률 저하와 의료 기술 진보 등의 이유로 평균수명이
늘어남으로써 극적으로 고령화가 계속되고 있어요.
일본 정부는 고령화가 경제와 사회 서비스에 악영향을
주지 않도록 대책을 서두르고 있어요.

# 22 통계로 보는 일본의 격차 현황

　　많은 사람은 격차가 확대되고 있다고 실감 중이다. 현재 소득과 임금 격차가 발생하고 부유층과 빈곤층의 양극화가 진행되고 있다. 수억 엔을 넘는 호화 저택에 사는 부유층이 존재하는가 하면, 대출을 낀 데다가 저축이 하나도 없는 가구가 존재하는 것도 현실이다.

　　격차가 벌어진 정도를 수치로 비교하는 경제지표에 '지니계수'가 있다.

　　지니계수는 이탈리아의 통계학자인 코르라도 지니가 고안한 계수로, 소득의 불평등을 나타내는 수치이다. 모든 가구가 완전히 평등한 경우를 '0'이라 하고, 한 명이 모든 부를 독점한 경우를 '1'이라 하여, 0~1 사이의 수치로 격차의 정도를 나타내는 지표이다. 1에 가까우면 가까울수록 격차가 벌어진 사회임을 나타낸다. 지니계수는 일본 사회의 실태를 파악하기 위해서도 중요한 데이터이다. 정부통계 전국소비실태조사, 가계조사, 국민생활기초조사, 소득재분배조사 등으로 작성한 데이터를 근거로 지니계수를 산출한다.

　　일본 지니계수의 추이를 【도표 A】로 보면 1980년대부터 소득 격차가 시작되어 매년 상승하는 추세이다. 1980년은 0.31, 2015년은 0.34로, 지니계수가 조금씩 올라가고 있다. 격차가 크다고 하는 미국이 0.39이며, 성숙한 사회라 하는 나라는 대체로 0.3 전후이다. 지니계수 0.3 이하를 목표로 하는 정책이 필요하다(지니계수는 과세 전 소득이냐 과세 후 소득이냐에 따라 달라진다).

　　일본 정부는 아베노믹스* 효과로 주가 상승 등 경기 회복 상태가 지속되고 있다고 발표했지만, 부유층과 빈곤층의 양극화가 뚜렷해지기 전에 대책을 취해야 한다.

---

\* 일본 총리인 아베 신조가 추진한 경제 정책을 가리키는 말로, '아베'와 경제학을 뜻하는 '이코노믹스(economics)'를 조합하여 만든 말이다─역주

【도표 A】

## 선진국의 지니계수

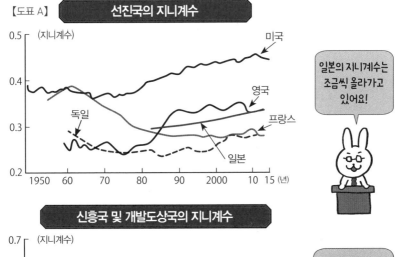

일본의 지니계수는 조금씩 올라가고 있어요!

## 신흥국 및 개발도상국의 지니계수

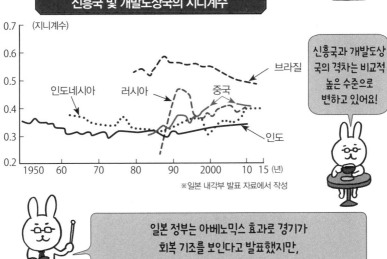

※일본 내각부 발표 자료에서 작성

신흥국과 개발도상 국의 격차는 비교적 높은 수준으로 변하고 있어요!

일본 정부는 아베노믹스 효과로 경기가 회복 기조를 보인다고 발표했지만, 그 그늘에서 격차가 확대되는 사회가 되어 가고 있어요.

한마디메모

2016년의 지니계수는 일본 0.34, 미국 0.39, 중국 0.51, 영국 0.35, 독일 0.29예요.

## 23 일본은 건강 격차의 위협을 받고 있다?

일본 사회는 통계 데이터에서 보이는 대로 고령화사회를 맞이하고 있다. 그리고 고령화사회와 함께 부유층과 빈곤층으로 양극화가 진행되고 있으며, 학력(學力)과 학력(學歷) 등 교육 격차도 존재한다. 또한 일본에 다른 한 가지 더 중요한 격차가 생기려 하고 있으니, 바로 '건강 격차'이다.

일본의 평균수명이 늘어나고 있다는 사실은, 고령화사회의 문제점을 제외하면 환영할 요소가 될 수도 있다. 그렇지만 현재로서는 평균수명이 늘고 있다는 사실과 함께 '건강수명'이란 존재도 잊어서는 안 된다. 분명 최근 수십 년간 수명이 늘었으며, 특히 선진국의 평균수명이 늘어나고 있다. 한편 빈곤층이 많은 나라의 평균수명은 늘지 않고 있는데, 그 요인으로 누구나가 평등하게 받을 수 있는 의료체제가 정비되어 있지 않은 점이 사료된다.

일본과 선진국의 의료제도가 확립되어 있다고 해서 안심할 수는 없다. 경제 격차가 점점 벌어지고 있는 지금, 한 줌밖에 안 되는 사람들만 고도의 의료 혜택을 받을 수 있는 시대가 다가오고 있을 가능성이 충분히 있다. 【도표 A】는 2016년 일본의 평균수명과 건강수명의 차이를 그래프로 나타낸 것이다. 여성의 평균수명은 87.14세로 늘어났다. 남성도 약 81세이다. 고령화사회와 함께 출생률 저하 문제가 생기며, 건강수명과 평균수명의 차이가 점점 벌어지고 있다는 점이 사회적 문제가 되고 있다.

많은 사람이 인생의 마지막을 건강한 상태로 보내기 위해서는, 경제 격차를 줄이고 소득재분배를 고려해야 한다. 소득재분배의 키워드는 세금이다. 통계 데이터는 소비세를 북유럽 수준인 20% 이상으로 변경할지에 대한 논의의 토대가 된다.

## 평균수명과 건강수명

**【도표 A】** (2016년)

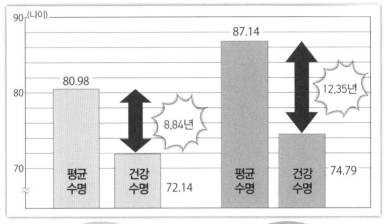

(일본 후생노동성 '완전생명표' 외 후생노동성 발표 자료를 바탕으로 작성)

## 세계의 건강수명

| 순위 | 국가 | 건강수명 |
|---|---|---|
| 1위 | 싱가포르 | 76.2세 |
| 2위 | 일본 | 74.8세 |
| 3위 | 스페인 | 73.8세 |
| 4위 | 스위스 | 73.5세 |
| 5위 | 프랑스 | 73.4세 |

(2016년 세계보건기구〈WHO〉)

건강한 일상생활을 보내는 연령은 남성이 70세, 여성이 73세 정도라고 해요.

**한마디 메모**

건강한 일상생활을 보낼 수 있는 '건강수명'이 '평균수명'보다 주목받고 있어요. '평균수명'과 '건강수명'의 차이가 크다는 것은 돌보아 주어야 할 사람이 많다는 의미가 아닐까요.

# 24 통계 데이터가 예언하는 무서운 '노후파산'의 현실

신문과 TV에서 '노후파산*'이라는 말을 접하는 기회가 늘고 있다. 이는 고령화사회와 경제 격차가 만들어 낸 사회문제이다.

30대와 40대의 젊은 세대에게는 아직 와닿지 않을지도 모르지만, 이대로라면 '노후파산'이 더 늘어날 가능성이 매우 높다. 받을 수 있는 연금은 감소하는 추세이고, 연금수령 개시 연령이 65세 이후가 될 분위기이다.

60세에 정년퇴직한 후 연금을 수령하기까지 최저 5년간의 공백 기간이 생기고, 수령 연금액도 일반적인 생활을 유지하기 위한 충분한 금액을 지급받지 못하는 것이 현재 실정이다.

【도표 A】는 일본 총무성이 발표한 고령 부부 무직 가구(남편 65세 이상 및 아내 60세 이상인 무직 가구)의 가계수지이다. 2017년 조사에 따르면 고령 부부 무직 가구의 수입은 연금 등 20만 9,198엔이다(전년도 대비 실질 2.3% 감소). 여기에서 세금 등 비소비지출인 2만 8,240엔을 빼면 수입은 18만 958엔이다. 식비, 공과금, 수도비 등 필요한 생활비로 23만 5,477엔이 나가므로 매달 5만 4,519엔 적자가 나고 있는 셈이다.

1년에 약 65만 엔의 적자, 10년이면 약 650만 엔, 20년이면 약 1,300만 엔을 저축해 두지 않으면 비참한 노후를 맞이하는 경우가 있다. 고령자의 생활 파산은 현실 문제로 다가오고 있다. 연금만으로는 생활할 수 없어서 70세가 되고 80세를 넘어도 몸이 움직이는 한 계속 일을 해야 한다는 사실을 암시하는 통계 데이터이다. 세금에 따른 소득재분배에 대해 생각해 볼 때이다.

---

* 고령자가 퇴직 후 연금으로 생활하다 파산 상태에 이르는 등 생활하기 곤란한 상황에 처한 상태를 말한다–역주

## 고령 부부 무직 가구의 가계수지

【도표 A】

### 필요한 생활비

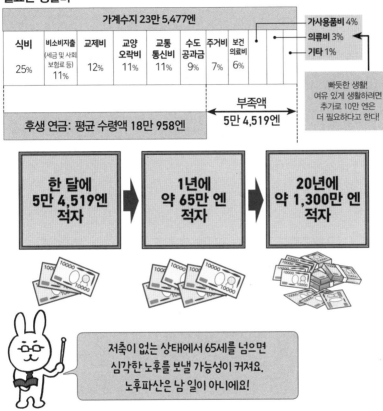

| 가계수지 23만 5,477엔 | | | | | | | | | |
|---|---|---|---|---|---|---|---|---|---|
| 식비 | 비소비지출 (세금 및 사회 보험료 등) | 교제비 | 교양 오락비 | 교통 통신비 | 수도 공과금 | 주거비 | 보건 의료비 | | |
| 25% | 11% | 12% | 11% | 11% | 9% | 7% | 6% | | |

가사용품비 4%
의류비 3%
기타 1%

후생 연금: 평균 수령액 18만 958엔

부족액
5만 4,519엔

> 빠듯한 생활! 여유 있게 생활하려면 추가로 10만 엔은 더 필요하다고 한다!

81

**한 달에 5만 4,519엔 적자** ➡ **1년에 약 65만 엔 적자** ➡ **20년에 약 1,300만 엔 적자**

> 저축이 없는 상태에서 65세를 넘으면 심각한 노후를 보낼 가능성이 커져요. 노후파산은 남 일이 아니에요!

통계 데이터가 예언하는 무서운 '노후파산'의 현실

**한마디 메모**

> 일본 내각부는 '고령사회백서' 2010년 판에서 사회문제가 되는 고독사를 '아무도 임종을 지키는 사람이 없이 숨을 거두고, 그 후 상당 기간 방치되는 따위의 비참한 죽음' 이라고 정의했어요.

# 25 소리 없이 일상생활에 다가오는 2025년 문제

일본은 초고령화 사회를 맞이하고 있다. 고령자사회는 여러 가지 폐해를 불러올 가능성이 있다. 후생노동성이 발표한 통계 데이터가 있다. 앞으로 일본 사회에는 치매에 걸린 사람이 증가한다는 데이터이다(치매에 걸리는 환자의 비율이 높아지는 것은 아니다).

규슈대학 니노미야 교수의 '일본 치매 고령자 인구의 미래 추계에 관한 연구' 데이터에 따르면 2012년 치매 고령자는 462만 명으로 추정되고, 2025년에는 약 700만 명까지 늘어난다고 한다. 통계국의 데이터에 따르면 고령자 인구 비율이 2012년에는 15%인 데에 비해, 단카이세대*라 불리는 사람들이 75세 이상이 되는 2025년에는 약 30%까지 증가할 것으로 예측된다. 건강한 생활을 유지하는 데는 어느 정도 돈이 필요하다(80쪽 참조). 이에 더해 치매 예방에도 노력해야 한다. 치매는 많은 문제를 초래할 가능성이 있다. 고령자에 의한 교통사고로 인해 슬픈 결과를 가져온 사건들이 계속되고 있다. 액셀과 브레이크를 착각하거나, 도로를 역주행하는 등 원인은 다양하다.

전국의 보험조합에서 고령자 의료비를 유지하기 위해 계속 보험금을 늘리고 있다. 전국의 생활협동조합 종사자가 가입한 '일본 생활협동조합 건강보험'과 가입자가 약 50만 명이나 되는 '인재 파견 건강보험'은 해산했다. 현재 건강보험조합은 약 1,400개의 단체가 존재하며, 가입자는 약 2,900만 명이다. 단카이세대가 후기 고령자(75세)가 되는 2025년에는 건강보험조합의 약 25%가 해산 위기에 처할 것이라는 데이터도 있다. 데이터가 앞으로 사회를 어떻게 할지에 대한 논의의 토대를 만든다고 해도 좋을 것이다.

---

* 1947~1949년 베이비붐 시대에 태어난 사람들을 일컫는다—역주

## 일본의 인구 예측

2015년 1억 2,709만 명 ➡ 2060년 8,674만 명

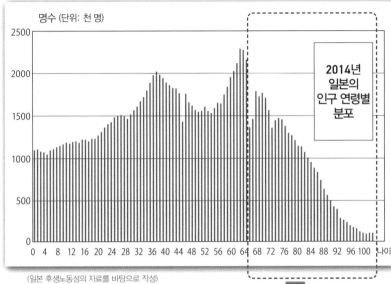

명수 (단위: 천 명)

2014년
일본의
인구 연령별
분포

(일본 후생노동성의 자료를 바탕으로 작성)

이 속도로 진행되면
2025년에는 인구의 약
3분의 1이 고령자가 될
기세예요!

| | |
|---|---|
| 1950년 = 4.9% | |
| 1975년 = 7.9% | |
| 2000년 = 17.4% | 증가 |
| 2015년 = 26.6% | |
| 2025년 = 30.0% | |

전인구에 대한 65세 이상의 비율

한마디 메모

운전면허를 자발적으로 반납한 고령자는
일본 경시청의 발표에 따르면 2018년 기준으로
42.1만 명이라 하는데, 75세 이상의 면허소지자 비율로 보면
5%로, 아직도 낮은 수준이에요.

## 26 잇따른 적자국채 발행으로 일본의 빚은 1,000조 엔이 훌쩍 넘었다

　　일본 재무성이 2018년 5월에 발표한 수치에 따르면 일본의 빚은 3월 말 시점 1,087조 8,130억 엔으로, 장기 국채의 잔고가 계속 는 것이 큰 요인이다. 일본의 총인구는 1억 2,650만 명 정도라 하니, 단순 계산으로 한 명당 약 860만 엔의 빚을 지고 있다는 계산이 된다. 국가 예산, 재무 운영비는 기본적으로 세금으로 충당하는데, 세금 수입만으로는 부족하여 부족분은 국채를 발행하여 보충해야 하는 현실이다.

　　국채 발행은 정부의 빚이다. 이대로 세금 등에 따른 세입이 회복될 전망이 없고 재정 적자가 계속되면 정부의 채무는 증가하기만 할 뿐이다. 버블 붕괴에 따른 '잃어버린 10년*'이라 불리는 불경기 여파는 단순히 경기 악화만을 초래한 것이 아니다. 고령화에 따라 부풀어 오른 사회보장비 등으로 인해 적자 폭이 매년 커지고 있다.

　　1965년도 보정예산 때 적자국채가 발행됐다. 적자국채는 세금 수입만으로 예산을 짤 수 없을 때 세입을 보충하기 위해 발행하는 국채이다. 재정법으로 인정되지는 않아서 해마다 발행되는 적자국채를 특례 국채라고도 한다. 2019년도 예산은 101조 4,564억 엔인데, 그중 신규 국채 발행액은 32조 6,598억 엔이나 된다. 예산의 약 3분의 1이 국채로 보충되는 것이 현재 상황이다.

　　2019년도의 GDP(국민총생산)는 약 550조 엔 정도로 예상된다. 즉 GDP의 약 2배가 나라의 빚이다. 일본 내각부가 예상한 바로는 2020년에 채무 잔고가 1,100조 엔을 돌파하며 심각한 상황에 빠진다고 한다.

---

\* 어느 나라 또는 지역에서 약 10년간 경제가 침체되는 현상을 가리키는 말로, 일본은 버블 경제 붕괴 후인 1990년대 초반부터 2000년대 초반까지가 이에 해당한다-역주

잇따른 적자국채 발행으로 일본의 빚은 1,000조 엔이 훌쩍 넘었다

## 나라 및 지방의 장기 채무 잔고

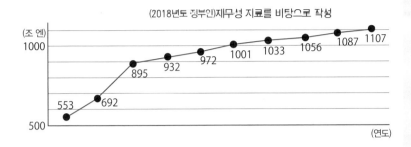

(2018년도 정부안)재무성 자료를 바탕으로 작성

(조 엔)
- 553
- 692
- 895
- 932
- 972
- 1001
- 1033
- 1056
- 1087
- 1107

(연도)

|  | 1998년도 말 실적 | 2003년도 말 실적 | 2011년도 말 실적 | 2012년도 말 실적 | 2013년도 말 실적 | 2014년도 말 실적 | 2015년도 말 실적 | 2016년도 말 실적 | 2017년도 말 실적 예상 | 2018년도 말 (2018년) |
|---|---|---|---|---|---|---|---|---|---|---|
| 나라 | 390 (387) | 493 (484) | 694 (685) | 731 (720) | 770 (747) | 800 (772) | 834 (792) | 859 (815) | 893 (837) | 915 (860) |
| 그중 보통 국채 잔고 | 295 (293) | 457 (448) | 670 (660) | 705 (694) | 744 (721) | 774 (746) | 805 (764) | 831 (786) | 864 (808) | 883 (828) |
| 지방 | 163 | 198 | 200 | 201 | 201 | 201 | 199 | 197 | 195 | 192 |
| 나라 및 지방 합계 | 553 (550) | 692 (683) | 895 (885) | 932 (921) | 972 (949) | 1,001 (972) | 1,033 (991) | 1,056 (1012) | 1,087 (1031) | 1,107 (1052) |

2013년도 말까지의 ( ) 안의 값은 다음 연도 차환을 위한 조기 발행 채무액을 뺀 계수.
2014년도 말, 2015년 말의 ( ) 안의 값은 다음 연도 차환을 위한 조기 발행 채무 한도액을 뺀 계수.

적자국채를 해마다 계속 발행해서 채무가 1,000조 엔을
훌쩍 넘었어요. GDP의 약 두 배가 되는 빚이라니 깜짝 놀랐어요.
참고로 미국은 GDP 대비 101%, 독일은 87.3% 정도예요!

한마디 메모

적자국채는 전쟁 후 1965년도에 처음으로 발행되고,
1975년도에 다시 발행된 후로 1990년도부터
1993년도를 제외하고 거듭해서 발행되고 있어요.

# 부자라고 행복하지 않다

사람은 어느 정도 돈이 있으면 행복하게 생활할 수 있다고 생각한다. 물론 '인생은 돈이 전부가 아니다', '최소한의 생활을 할 수 있으면 된다' 등 돈에 집착하지 않는 사고방식을 가진 사람도 있다.

돈과 행복도에는 어떠한 관계가 있을까? 미국의 경제학자인 리처드 이스털린은 이 문제에 정면으로 부딪쳐 연구했다. 그의 학설은 '이스털린의 역설'로 불리는데, '빈곤층은 돈에 의해 행복을 느끼지만, 중간층은 일정한 돈이 늘어도 행복감에 변화가 없다'는 사고방식이다.

행복감에 영향을 미치는 요인으로 '연령', '교육과 지성', '육아', '돈'의 네 가지를 들었다. 그중 하나인 돈과 행복도의 관계를 그래프로 나타낸 것이 '이스털린의 역설'로, '연 수입이 7만 5,000 달러를 넘으면 그 이상 수입이 늘어도 행복감은 변하지 않는다'는 내용이다(연 수입은 40년 전 데이터).

확실히 돈은 '물질적인 행복'의 기반이 되며 구매력의 지표가 된다. 그렇지만 돈만으로는 해결할 수 없는 문제가 존재하는 것도 사실이다.

이를 뒷받침하는 통계 데이터로 '행복도 조사'가 있다.

2019년 3월 20일에 최신판 '나라별 행복도 순위'가 발표되었다. 일본의

일본의 행복도가 58위로 낮은 수준인 것은 심리적인 스트레스가 행복감을 충족시키지 못하기 때문일지도 몰라요.

순위는 놀랍게도 156개국 중 58위라는 결과였다. 행복도 순위에서 상위를 차지하는 나라는 1위 핀란드, 2위 덴마크, 3위 노르웨이, 4위 아이슬란드…로, 북유럽 나라들이 눈에 띤다. 모두 세금은 높지만, 사회보장이 잘 되어 있는 나라들이다.

행복을 느끼는 방법은 사람마다 다르지만, 많은 통계 데이터가 돈이 있으면 반드시 행복해질 수 있다는 사고방식은 적절하지 않다는 사실을 보여 준다. 돈이 있어도 정신적으로 신체적으로 건강하지 않으면 자유롭지 못한 생활을 하게 되는 결과를 초래하기도 한다.

부자라고 행복하지 않다

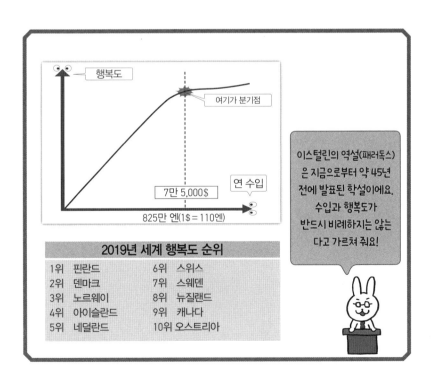

## 통계 숫자로 일상생활 바라보기 ①

디지털 사회를 맞이하며 집에서 손쉽게 쇼핑을 즐길 수 있는 시대가 되었다. 이에 비례하여 물류 업계에서는 인력이 부족하다는 이야기가 나올 정도로 많은 상품이 전국을 돌아다닌다. 일본 국토 교통성에서 발표한 2017년도 택배 편(트럭) 취급 개수는 약 42억 1,200만 개이다. 이 통계수치는 일본 국민, 약 1억 2,700만 명과 비교하면 단순 계산으로 한 명당 연간 33개를 이용한다는 계산이다. 1억 2,700만 명에는 어린이도 포함되므로, 어른 한 명당의 개수는 현실적으로 더 클 것이다.

교통사고로 사망하거나 부상을 입을 확률은 어떨까? 일본 경시청이 발표한 데이터에 따르면 2018년도 사망자는 3,532명, 부상자는 52만 5,846명이다. 사고 건수는 약 43만 건이므로 사고에 조우할 확률은 약 0.34%이다. 단순 계산으로 인생을 80년으로 계산하면 0.34×80=27.2가 되는데, 약 네 명 중 한 명 이상의 비율로 교통사고에 조우한다는 놀라운 비율이다. 가까운 주변에서 교통사고에 조우한 사람이 있는 것도 이해된다. 이 데이터는 교통 규칙 준수의 중요성을 알려 주는 것이 아닐까?

# 제 **5** 장

이론

## 추측통계학에 대해 알아보자

# 27 데이터를 정리하는 통계와 가공하는 통계

여기서는 데이터를 거의 가공하지 않고 그래프로 만든 것을 '수학적인 통계'라 하겠다. 그 수치를 나타낸 것이 【도표 A】이다. 가로가 연도, 세로가 경작 면적과 수확량이라는 점을 알면 이해할 수 있는 표이다.

【도표 B】는 기온을 꺾은선그래프, 강수량을 막대그래프로 나타낸 그림으로, 사회 교과서에 나오는 기온과 강수량 그래프이다. 세로는 기온과 강수량, 가로는 월을 나타내며, 표에 비해 변화가 잘 보인다. 데이터를 가공한 그림으로, 기온과 강수량 그래프만으로도 그 지역의 기후를 어느 정도 알 수 있어서 편리하다.

무작위로 나열된 데이터를 알기 쉽도록 정리하고 요약하여 그 특징을 잘 파악하는 방법을 '기술통계'라고 한다.

수학적인 통계도 기술통계 중의 하나인데, 여기서는 가공하여 쉽게 이해할 수 있도록 표시한 것을 기술통계라고 하겠다. 데이터의 특징을 바로 파악하는 도구로 도수분포표, 히스토그램, 상자그림 등이 있다. 평균값, 중앙값, 최빈값, 상관관계와 같이 가공한 통계량을 이용하여 도표 등을 작성한다.

A시의 중학교 3학년 만 명의 수학 학력을 조사하는 경우를 생각해 보자. 만 명을 조사하는 데는 시간과 비용이 드니, 이를 절약하는 방법으로 500명을 선발하여 평균값, 중앙값, 표준편차 등을 구하기로 하자. 500명을 골라 계산 작업을 몇 번이고 거듭하여 얻은 평균값은 정규분포에 가까워진다.

【도표 C】의 '표준정규분포'를 바탕으로 만 명의 집단의 분포를 추측하는 것이 '추계(추측 통계)'이다.

## ● 수학적인 통계

**【도표 A】쌀 생산의 추이**

| | | 1980 | 1990 | 2000 | 2010 | 2017 | 2018 |
|---|---|---|---|---|---|---|---|
| 경작면적 (만ha) | 논벼 | 235 | 206 | 176 | 163 | 147 | 147 |
| | 밭벼 | 3 | 2 | 0.7 | 0.3 | 0.1 | 0.1 |
| 합계 | | 238 | 208 | 177 | 163 | 147 | 147 |
| 수확량 (만t) | 논벼 | 969 | 1046 | 947 | 848 | 782 | 778 |
| | 밭벼 | 6 | 4 | 2 | 0.5 | 0.2 | 0.2 |
| 합계 | | 975 | 1050 | 949 | 848 | 782 | 778 |

《일본의 모습 2019》·아노 쓰네타 기념회에서 발췌

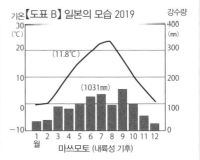

기온【도표 B】일본의 모습 2019 강수량
마쓰모토 (내륙성 기후)
(11.8℃)
(1031mm)

거의 가공하지 않은 데이터로도 표현 방법을 바꾸면 【도표 B】처럼 전모를 파악할 수 있어요!

## ● 가공한 기술통계

| 가정학습 시간 | 도수 | 계급값 |
|---|---|---|
| 이상~미만 | | |
| 0 ~ 4 | 2 | 2 |
| 4 ~ 8 | 4 | 6 |
| 8 ~ 12 | 4 | 10 |
| 12 ~ 16 | 6 | 14 |
| 16 ~ 20 | 3 | 18 |
| 20 ~ 24 | 1 | 22 |
| 합계 | 20 | |

도수분포표

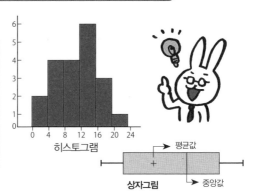

히스토그램

평균값
상자그림
중앙값

## ● 추계(추측 통계)

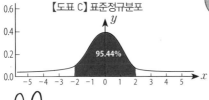

【도표 C】표준정규분포
95.44%

만 명 중 500명의 데이터를 조사한다.

정규분포를 알면 만 명 전체를 추측할 수 있다.

추계는 '통계학 이론'과 '확률 이론'이 합쳐져 성립하는 방식이에요. 그렇기 때문에 통계학을 배우기 전에 확률을 배우는 경우가 많아요!

데이터를 정리하는 통계와 가공하는 통계

## 28 두 가지 데이터의 상관관계를 알 수 있는 산점도

어떤 두 개의 변수 $x$와 $y$로 구성된 데이터가 있다고 하자. 이 $x$와 $y$와 어떠한 관계가 있는지 알아보는 그래프를 '산점도'라고 한다.

3학년 X반 여자 20명의 학습 시간과 국어 시험의 결과가 【도표 A】, 이를 바탕으로 산점도를 그린 것이 【도표 B】이다.

이 그래프를 보면 오른쪽으로 갈수록 값이 커지는 경향을 보인다. $x$가 증가하면 $y$도 증가한다. 점수를 증가시키기 위해서는 학습 시간도 증가시켜야 한다고 해석할 수 있다. 두 개의 변량 $x$와 $y$ 간에 '양의 상관관계'가 있다고 할 수 있겠다.

두 개의 변량 $x$와 $y$가 대응하는 점이 오른쪽으로 갈수록 값이 내려갈 때는 두 개의 변량 $x$와 $y$ 간에 '음의 상관관계'가 있다고 하고, 그 어떤 경향도 보이지 않을 때는 '상관관계가 없다'고 한다. 대부분의 학교는 【도표 B】의 산점도와 같은 결과가 된다.

다음으로 두 개의 변량 $x$, $y$의 관계를 나타내는 값을 생각해 보자. $x$와 $y$ 데이터의 평균값을 구하면, $x$의 평균값은 67점, $y$의 평균값은 11시간이다. 산점도에 기재된 모든 점은 $\bar{x}$와 $\bar{y}$의 좌표 (67, 11) 주변으로 모이는데, 그것이 【도표 C】의 좌표이다. 각 부분을 Ⅰ, Ⅱ, Ⅲ, Ⅳ로 나눴을 때 $x$와 $y$ 간에 양의 상관관계가 있으면 산점도는 Ⅰ과 Ⅲ에 집중된다(좌표의 숫자는 출석 번호).

대응하는 두 개의 변량 $x$, $y$의 값 한 쌍을 $(x_1, y_1)(x_2, y_2) \cdots (x_n, y_n)$이라 하고, $x$, $y$ 데이터의 평균값을 각각 $\bar{x}$, $\bar{y}$라 한다. 분포도에 기재된 모든 점은 점$(\bar{x}, \bar{y})$의 주변으로 모이는데, 그림으로 나타낸 것이 【도표 D】이다. 이를 바탕으로 하여 상관관계를 구할 수 있다.

**【도표 A】** 3학년 X반 여자 20명의 학습 시간과 국어 시험 결과

| 출석 번호 | 1 | 2 | 3 | 4 | 5 | 6 | 7 | 8 | 9 | 10 | 11 | 12 | 13 | 14 | 15 | 16 | 17 | 18 | 19 | 20 |
|---|---|---|---|---|---|---|---|---|---|---|---|---|---|---|---|---|---|---|---|---|
| $x$ 국어 점수 | 40 | 70 | 45 | 75 | 85 | 90 | 95 | 35 | 55 | 81 | 89 | 30 | 53 | 65 | 96 | 82 | 66 | 47 | 73 | 68 |
| $y$ 학습 시간 | 2 | 10 | 5 | 8 | 15 | 20 | 18 | 3 | 7 | 9 | 19 | 4 | 6 | 11 | 22 | 17 | 10 | 5 | 16 | 13 |

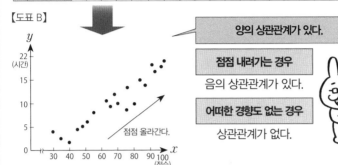

**【도표 B】**

양의 상관관계가 있다.

점점 내려가는 경우

음의 상관관계가 있다.

어떠한 경향도 없는 경우

상관관계가 없다.

점점 올라간다.

## 《상관관계》

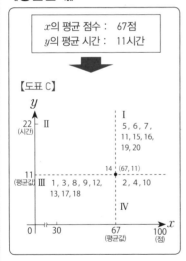

$x$의 평균 점수 : 67점
$y$의 평균 시간 : 11시간

**【도표 C】**

I
5, 6, 7,
11, 15, 16,
19, 20

II

III  1, 3, 8, 9, 12,
13, 17, 18

2, 4, 10

IV

14  (67, 11)

$x$와 $y$ 간에 양의 상관관계가 있으면 점이 I과 III에, 음의 상관관계가 있으면 점이 II와 IV에 집중되는 경향이 있다.

$(x_i - \bar{x})(y_i - \bar{y}) > 0 \Rightarrow$ I 또는 III에 속한다.
$(x_i - \bar{x})(y_i - \bar{y}) < 0 \Rightarrow$ II 또는 IV에 속한다.

**【도표 D】**

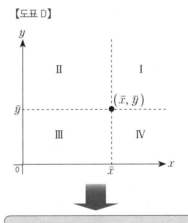

$(\bar{x}, \bar{y})$

대응하는 두 개의 변량 $x$, $y$의 값 한 쌍을 $(x_1 y_1)(x_2 y_2) \cdots (x_n, y_n)$라 하고, $x$, $y$ 데이터의 평균값을 각각 , $\bar{x}, \bar{y}$라 한다. 분포도에 기입된 모든 점은 $(\bar{x}, \bar{y})$점의 주변으로 모인다.

I $\Rightarrow x_i - \bar{x} > 0, \ y_i - \bar{y} > 0$
II $\Rightarrow x_i - \bar{x} < 0, \ y_i - \bar{y} > 0$
III $\Rightarrow x_i - \bar{x} < 0, \ y_i - \bar{y} < 0$
IV $\Rightarrow x_i - \bar{x} > 0, \ y_i - \bar{y} < 0$

# 29 확률변수와 확률분포로 정규분포 구하기

추측통계학은 정규분포를 이용한다.

'한 개의 주사위를 던져서 1이 나올 경우 500엔, 3 또는 5가 나올 경우 300엔, 짝수가 나올 경우 200엔을 상금으로 준다.' 이때 상금을 받을 확률을 구하면 다음과 같다.

500엔 → $\frac{1}{6}$, 300엔 → (3과 5로 두 가지) $\frac{2}{6}=\frac{1}{3}$, 200엔 → (짝수가 세 가지) $\frac{3}{6}=\frac{1}{2}$. 받는 상금을 $X$라 하면 $X$는 500, 300, 200이라는 변수가 된다. 또한 $X$는 시행 결과(주사위의 숫자가 나올 확률)에 따라 정해진다. 시행 결과에 따라 그 값이 정해지는 변수를 '확률변수'라고 한다. 위의 주사위 상금 같은 경우 상금 $X$가 변수이고, 확률 $\frac{1}{6}$, $\frac{1}{3}$, $\frac{1}{2}$이 각각 대응한다.

$X$=a가 될 확률을 $P(X=a)$로, a$\leq X \leq$b가 될 확률을 $P(a \leq X \leq b)$로 나타낸다. $X$와 $P$는 중학교에서 배운 함수이니 그래프로 그릴 수 있다. 대응표를 작성하면 $X$와 $P$가 함수라는 사실이 보다 명확해진다. 위의 주사위 상금 같은 경우【도표 A】처럼 되며, 이를 막대그래프로 나타낸 것이【도표 B】이다.

확률변수 $X$의 값과 $X$에 대응하는 확률 $P$의 값을 대응시킨 표를 '확률분포표'라 한다. $P$를 모두 더하면 1이 된다. 확률변수 $X$가 취하는 값이 $x_1$, $x_2$, $\cdots x_n$일 때, $P(X=x_i)=P_i$이라 하면 ① $P_1 \geqq 0$, $P_2 \geqq 0$, $\cdots$, $P_n \geqq 0$ ② $P_1 + P_2 + \cdots P_n=1$이 성립하고, $X$의 확률분포표는【도표 C】이다. 확률분포가 정규분포에 가까워지는 그림을 생각해 보자. 두 개의 주사위의 숫자의 합의 확률분포【도표 D】를 보면 왜 추계가 확률을 이용하는지 알 수 있다.

## 확률분포표 【도표 A】

$X$ = 확률변수   $P$ = 확률

| $X$ | 200 | 300 | 500 | 합계 |
|-----|-----|-----|-----|------|
| $P$ | $\frac{1}{2}$ | $\frac{1}{3}$ | $\frac{1}{6}$ | 1 |

확률변수에 대응하는 확률을 전부 더하면 1이 돼요!

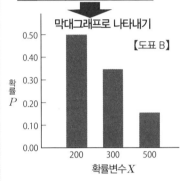

막대그래프로 나타내기

【도표 B】

**【도표 C】**

| $X$ | $x_1$ | $x_2$ | $\cdots$ | $x_n$ | 합계 |
|-----|-------|-------|----------|-------|------|
| $P$ | $P_1$ | $P_2$ | $\cdots$ | $P_n$ | 1 |

확률변수 $X$가 취하는 값이 $x_1, x_2, \cdots x_n$일 때, $P(X=x_i)=P_i$이라 하면 다음이 성립한다.

① $P_1 \geqq 0 \ P_2 \geqq 0 \cdots P_n \geqq 0$

② $P_1 + P_2 + \cdots + P_n = 1$

## 확률분포가 정규분포에 가까워진다

**【도표 D】** 두 개의 주사위를 동시에 던졌을 때 나온 숫자의 합

두 개의 주사위를 동시에 던졌을 때 경우의 수는 36가지이다.
확률변수 $X$와 대응하는 확률 $P$의 관계는 다음과 같다.

| $X$ | 2 | 3 | 4 | 5 | 6 | 7 | 8 | 9 | 10 | 11 | 12 | 합계 |
|-----|---|---|---|---|---|---|---|---|----|----|----|------|
| $P$ | $\frac{1}{36}$ | $\frac{2}{36}$ | $\frac{3}{36}$ | $\frac{4}{36}$ | $\frac{5}{36}$ | $\frac{6}{36}$ | $\frac{5}{36}$ | $\frac{4}{36}$ | $\frac{3}{36}$ | $\frac{2}{36}$ | $\frac{1}{36}$ | 1 |

❖ 두 개의 주사위의 숫자의 합의 확률분포

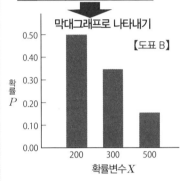

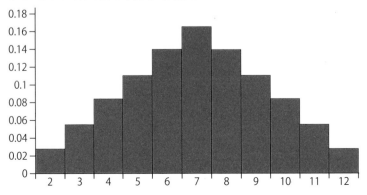

# 30  추계에서 중요한 확률변수의 평균

확률변수 $X$의 평균은 추계에서 빠질 수 없는, 데이터가 퍼진 정도를 나타내는 '분산'을 구할 때 필요하다.

A사의 사원이 100명 있다. 이번 분기의 업무 성적이 좋아서 기념 이벤트의 일환으로 제비뽑기 대회를 열기로 했다. 제비를 100개 만들고 사원 한 명 한 명이 제비뽑기한다.

1등 2만 엔이 5개, 2등 만 엔이 8개, 3등 5,000엔이 12개, 4등 3,000엔이 25개, 5등 2,000엔이 50개이다. 꽝은 없다. 이때 상금의 평균을 구하면 4,150엔이 나온다(상금 총액을 제비의 총 개수로 나눈 것이 평균이다).

총액은 확률변수 X로도 구할 수 있다. 확률변수 $X$와 확률 $P$의 분포는 【도표 A】와 같다.

확률변수 $X$의 평균을 '기댓값'이라 하고, E($X$)라고 표기하며, 일반식으로는 다음과 같다.

'확률변수 $X$가 취하는 값이 $x_1$, $x_2$, $\cdots$, $x_n$ 이고 $X$가 각각의 값을 취할 확률이 $P_1$, $P_2$, $\cdots$, $P_n$ 일 때 $E(X) = \sum_{i}^{n} x_i p_i = x_1 p_2 + x_1 p_2 + \cdots x_n p_n$이 된다.'

분포표는 【도표 B】와 같다. 앞의 95쪽 '두 개의 주사위의 숫자의 합'의 확률분포표에서 확률변수 E($X$)를 구해 보면 E($X$)는 7이 된다. 이는 확률분포도가 좌우대칭이고, 7이 정점인 이등변 삼각형의 '삼각분포'로도 추측할 수 있다(95쪽의 확률분포 그림을 보자).

확률분포도가 점점 정규분포에 가까워진다.

### 등급별 제비뽑기의 확률

**1등** → $\frac{5}{100}$  **2등** → $\frac{8}{100}$  **3등** → $\frac{12}{100}$  **4등** › $\frac{25}{100}$  **5등** › $\frac{50}{100}$

**상금 총액**

1등 → 2만 엔 × 5개 (10만 엔)
2등 → 만 엔 × 8개 (8만 엔)
3등 → 5,000엔 × 12개 (6만 엔)
4등 → 3,000엔 × 25개 (7만 5,000엔)
5등 → 2,000엔 × 50개 (10만 엔)

10만 엔 + 8만 엔 + 6만 엔 + 7만 5,000엔 + 10만 엔 = 41만 5,000엔

100으로 나누면 **4,150엔**

**【도표 A】** 확률변수로부터 총액을 구하기

| $X$=확률변수 | 2000 | 3000 | 5000 | 10000 | 20000 | 합계 |
|---|---|---|---|---|---|---|
| $p$=확률 | $\frac{1}{2}$ | $\frac{1}{4}$ | $\frac{3}{25}$ | $\frac{2}{25}$ | $\frac{1}{20}$ | 1 |

$$2{,}000 \times \frac{1}{2} + 3{,}000 \times \frac{1}{4} + 5{,}000 \times \frac{3}{25} + 10{,}000 \times \frac{2}{25}$$
$$+ 20{,}000 \times \frac{1}{20} = 4{,}150$$

확률변수의 평균을
기댓값이라고 해요!

**【도표 B】**

| $X$ | $x_1$ | $x_2$ | $\cdots$ | $x_n$ | 합계 |
|---|---|---|---|---|---|
| $p$ | $p_1$ | $p_2$ | $\cdots$ | $p_n$ | 1 |

## '두 개의 주사위의 숫자의 합'의 확률분포를 구해 보자

| $X$ | 2 | 3 | 4 | 5 | 6 | 7 | 8 | 9 | 10 | 11 | 12 |
|---|---|---|---|---|---|---|---|---|---|---|---|
| $p$ | $\frac{1}{36}$ | $\frac{2}{36}$ | $\frac{3}{36}$ | $\frac{4}{36}$ | $\frac{5}{36}$ | $\frac{6}{36}$ | $\frac{5}{36}$ | $\frac{4}{36}$ | $\frac{3}{36}$ | $\frac{2}{36}$ | $\frac{1}{36}$ |

$$2 \times \frac{1}{36} + 3 \times \frac{2}{36} + 4 \times \frac{3}{36} + 5 \times \frac{4}{36} + 6 \times \frac{5}{36} +$$
$$7 \times \frac{6}{36} + 8 \times \frac{5}{36} + 9 \times \frac{4}{36} + 10 \times \frac{3}{36} + 11 \times \frac{2}{36} +$$
$$12 \times \frac{1}{36} = 7$$

기댓값 E($X$)는 7이 된다.

# 31 정규분포의 기초가 되는 확률변수의 분산

$X$와 $Y$는 각각 확률분포를 갖는 가상의 확률변수라 한다. 또 확률분포는 $X=0$, $Y=0$일 때 정점이 되는 이등변 삼각형의 삼각분포라 한다(【도표 A】참조).

$x$의 평균은 {$(-3)+(-2)+(-1)+0+1+2+3$} ÷7=0, $y$의 평균도 마찬가지로 0이다. 평균값만으로는 $x$와 $y$의 확률분포 차이를 나타낼 수 없다. $X$와 $Y$를 가로축, 확률 $P$를 세로축으로 하는 막대그래프를 그리면 【도표 B】처럼 된다. 그래프를 보면 $X$, $Y$ 모두 0을 중심으로 좌우대칭이고, ①보다 ②가 더 완만한 산을 그린다. 시각적으로 데이터가 퍼진 정도를 알 수 있다는 점이 특징이라 할 수 있다.

그렇지만 【도표 B】와 같은 그래프는 히스토그램을 작성할 때와 마찬가지로 상당한 노력이 필요하다. 계산으로 값을 구해서 퍼진 정도를 알아 두면 수고가 줄어드는데, 여기에 편차가 등장한다. '데이터 $n$개의 값을 $x_1$, $x_2$, $\cdots x_n$ 이라 하고, 그 평균값을 $\bar{x}$라 할 때, 각 값에서 평균값을 뺀 $x_1 - \bar{x}$, $x_2 - \bar{x}$ 가 편차'라는 말을 떠올려 보라. 확률변수도 마찬가지로 생각할 수 있다. $X$가 취하는 값을 $x_1$, $x_2$, $\cdots x_n$ 이라 하고, 확률 $P(X = x_i)$를 $P_i$, $X$의 평균을 $m$이라 하면 다음과 같은 식이 나온다.

$$(x_1 - m)^2 P_1 + (x_2 - m)^2 P_2 + \cdots + (x_n - m)^2 P_n$$

이 식을 확률변수 $X$의 '분산'이라 하며, 'V($X$)'라 표기한다. 이 식을 간결하게 나타내면 $V(X)=\sum_{t=1}^{n}(x_i - m)^2 P_i$가 된다. 분포는 $X$의 평균 $m$에서 편차의 제곱, 즉 $(X-m)^2$의 평균이다. 확률변수 $X$의 평균은 $E(X)=\sum_{t=1}^{n} x_i p_i$ 이므로, $V(X)=E((X-m)^2)$ 이 된다.

**【도표 A】** $X$와 $Y$는 각각 확률분포에 따르는 가상의 확률변수

①

| $X$ | −3 | −2 | −1 | 0 | 1 | 2 | 3 | 합계 |
|---|---|---|---|---|---|---|---|---|
| $p$ | 0.05 | 0.1 | 0.2 | 0.3 | 0.2 | 0.1 | 0.05 | 1 |

②

| $Y$ | −5 | −4 | −3 | −2 | −1 | 0 | 1 | 2 | 3 | 4 | 5 | 합계 |
|---|---|---|---|---|---|---|---|---|---|---|---|---|
| $p$ | 0.025 | 0.05 | 0.075 | 0.1 | 0.15 | 0.2 | 0.15 | 0.1 | 0.075 | 0.05 | 0.025 | 1 |

**【도표 B】**

①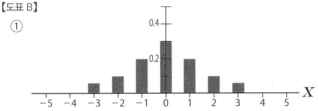

②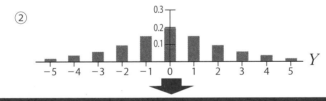

## ①과 ②의 확률변수 X와 Y의 분산을 구해 보자

$E(X) = E(Y) = 0$

$$V(X) = (-3-0)^2 \cdot 0.05 + (-2-0)^2 \cdot 0.1 + (-1-0)^2 \cdot 0.2 + 0^2 \cdot 0.3$$
$$+ (1-0)^2 \cdot 0.2 + (2-0)^2 \cdot 0.1 + (3-0)^2 \cdot 0.05 = 2.1$$

$$V(Y) = (-5-0)^2 \cdot 0.025 + (-4-0)^2 \cdot 0.05 + (-3-0)^2 \cdot 0.075$$
$$+ (2-0)^2 \cdot 0.1 + (1-0)^2 \cdot 0.15 + 0^2 \times 0.2 + (1-0)^2 \cdot 0.15$$
$$+ (2-0)^2 \cdot 0.1 + (3-0)^2 \cdot 0.075 + (4-0)^2 \cdot 0.05 + (5-0)^2$$
$$\times 0.025 = 5.3$$

$V(Y) > V(X)$에 따라 $Y$의 확률분포가 $X$보다 평균으로부터 더 넓게 퍼졌다는 사실을 알 수 있다.

확률변수 $X$의 분산 $V(X)$의 양의 제곱근을 $X$의 '표준편차'라 하며, $\sigma(X) = \sqrt{V(X)}$라는 식이 된다.

(주의) $\sigma$ = 시그마

정규분포의 기초가 되는 확률변수의 분산

# 32 추계의 키워드, '정규분포'

지금까지의 확률변수는 셀 수 있는 값으로, '이산형 확률변수'라고 한다. 그렇기에 히스토그램처럼 비연속적인 그래프가 된다. 추계의 정규분포는 보통 곡선이며, 곡선으로 만들기 위해 미적분을 이용한다.

A학교의 3학년 남자 100명의 체중을 측정한 후, 5kg마다 계급값으로 도수분포표를 작성한 것이 【도표 A】이다.

여기서는 이 상대도수를 확률이라 생각하기로 하자. 45kg 이상 50kg 미만에 속하는 명수는 100명 중 14명의 확률이라 하는 것이다. 이 상대도수를 확률이라 하면, 1,000명의 집단일 때 1,000명의 14%에 해당하는 명수, 즉 140명이 45kg 이상 50kg 미만이라고 추측할 수 있다.

【도표 A】의 도수분포표를 히스토그램으로 그리면 【도표 B】가 된다. $x$의 값이 각 계급에 속하는 확률은, 각각의 계급에 대응하는 직사각형의 면적이라 생각할 수 있다.

직사각형의 면적의 합(상대도수의 합)은 1이다. 이 히스토그램은 그래프가 완만하지 않고 연속되지 않는다. 그렇지만 계급의 폭을 작게 할수록 하나의 곡선에 가까워진다(미분에서 배운 극한을 떠올려 보자). 그림으로 나타내면 【도표 C】가 된다.

확률변수가 연속하게 됨으로써 곡선으로 나타낼 수 있게 된다. $x$의 값을 구하면(데이터) 그에 대응하는 $y$의 값($P$ = 확률)이 단 하나로 정해지므로 함수이며, 함수 $y = f(x)$와 동일하다고 생각할 수 있다. 이를 정규분포라고 하며, 정규분포를 알면 다음의 추계를 이해할 수 있다.

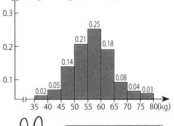

**【도표 A】도수분포표**

| 체중 (kg) 이상~미만 | 도수 | 상대도수 |
|---|---|---|
| 35~40 | 2 | 0.02 |
| 40~45 | 5 | 0.05 |
| 45~50 | 14 | 0.14 |
| 50~55 | 21 | 0.21 |
| 55~60 | 25 | 0.25 |
| 60~65 | 18 | 0.18 |
| 65~70 | 8 | 0.08 |
| 70~75 | 4 | 0.04 |
| 75~80 | 3 | 0.03 |
| 합계 | 100 | 1 |

**【도표 B】히스토그램**

직사각형 면적의 합(상대도수의 합)은 1이 돼요!

**【도표 C】**

도표 B를 바탕으로 만든 그래프

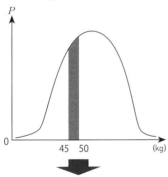

함수 일반식을 이용하여 그래프로 만들기

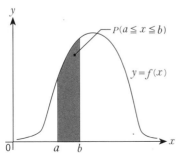

**한마디 메모**

정규분포
곡선의 수식
$$f(x) = \frac{1}{\sqrt{2\pi}\,\sigma}\,e^{-\frac{(x-m)^2}{2\sigma^2}}$$

$e$ = 자연로그의 밑
$\sigma$ (시그마) = 표준편차  $m$ = 평균

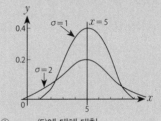

① $x = m$(5)에 대해 대칭.
$y$는 $x = m$(5)일 때 최대
② 곡선의 산 모양은 $\sigma$(시그마)가 크면 낮고 옆으로 넓어진다.
③ $x$축을 점근선이라 한다.

$y = f(x)$의 성질은 다음 세 가지와 같다.
① $f(x) \geq 0$
② $x$가 $a \leq x \leq b$이면 $P(a \leq x \leq b)$
  $= \int_a^b f(x)dx$
③ 곡선 $y = f(x)$와 $x$축 사이의 면적은 1

$x$를 '연속형 확률변수', $f(x)$를 '확률밀도함수', 그래프를 '분포곡선'이라 한다.

101

# 33 추계에서 중요한 '모집단'과 '표본'

추계에서 빠질 수 없는 '모집단'과 '표본'에 대해 살펴보자.

A시 중학교 3학년 만 명의 영어 학력을 조사하고자 할 때 전수조사와 표본조사의 두 가지 방법을 이용할 수 있다. 500명이 시험을 보고 그 표본의 평균, 분산, 표준편차를 구하고, 퍼진 정도의 분포를 자세히 조사하면 상당히 높은 확률로 만 명의 학력 분포를 '추측'할 수 있다. 이것이 바로 추계라 불리는 조사 방법으로, 제6장에서 소개하는 '선거 속보' 등에도 활용된다.

표본은 500명이므로, 얻은 데이터를 20배 하면 만 명을 대상으로 했을 때의 숫자에 가까워진다.

이처럼 대상 모집단 전체 중에서 일부분을 빼내어 알아보는 조사를 '표본조사(샘플조사)'라고 하며, 【도표 A】가 그림으로 나타낸 것이다. 모집단에 속하는 개개의 데이터를 개체, 개체의 총수를 모집단의 크기라 하고, 표본에 포함되는 개체의 개수를 표본의 크기라 한다. 표본조사의 목적은 모집단의 성질을 추측하는 것인데, 이때 앞서 나왔던 '정규분포'가 활약한다. 마지막으로 표본의 값을 이용하여 모집단의 모평균을 추정하고, 전체의 성질을 추측한다.

모집단에서 표본을 추출할 때 선택하는 방법이 중요하다.

A시 중학교 3학년의 경우 만 명이라는 숫자를 보면 중학교가 많다는 사실을 알 수 있고, 각 학교 간에 학력 차가 있을 것이라 예상할 수 있다. 그렇기 때문에 추출할 때는 일부 학교에 표본이 집중되지 않도록 한다. 이 추출법을 '무작위 추출법'이라 하며, 추출된 표본을 '무작위 표본'이라 한다.

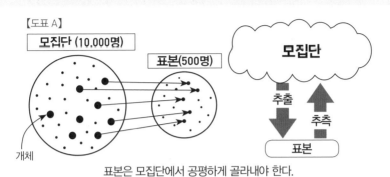

【도표 A】

모집단 (10,000명)

표본(500명)

모집단

추출

추측

표본

개체

표본은 모집단에서 공평하게 골라내야 한다.

## 이 추출 방법을 무작위 추출법이라 한다.

모집단에서 무작위로 추출한 표본으로
모집단을 추측할 수 있다는 사실은,
통계학에서 중요한 의미를 가져요!

### 추측통계학

일상생활에서 도움이 되는 데이터를 조사하는 데 활용된다.

TV 시청률    강수확률    선거 속보    여론조사

모집단에서 공평하게 무작위로 골라낸 일부 표본을 자세히
조사함으로써 어느 정도 올바른 전모를 이끌어낼 수 있는
추측통계학은 일상생활에서 중요한 역할을 해요!

# 된장국 간 보기와 통계학은 비슷하다

된장국을 끓일 때 간이 된 정도를 알아보기 위해 '간 보기'를 한다. 된장국을 간보는 행위와 통계학의 사고방식은 비슷하다.

14쪽과 102쪽에서 '모집단'과 '표본'을 배웠다. '냄비 전체의 된장 국물이 모집단에 해당하고, 간을 볼 때 떠낸 한 숟가락 분량의 된장국을 '표본'이라 할 수 있다. 된장국이 거의 균일하게 섞여 있다면 한 숟가락만으로도 전체의 맛을 상상할 수 있다. 수학 교과서에 나오는 농도와 사고방식이 비슷하다.

통계학에는 '기술통계학'과 '추측통계학'이 있다는 것을 배웠다. '기술통계학' 방식은 '모집단=표본'이므로, 된장국에 비유하자면 냄비 전체의 간을 알아봐야 한다. 된장국을 전부 마신 다음에 맛을 판별하는 방법이다.

'추측통계학'은 모집단에서 표본을 뽑아내어 전체를 추측하는 방식이므로, 여기서는 한 숟가락 떠서 간을 보고 전체의 맛을 판별하는 방법이라 할 수 있다. 이러한 된장국 간 보기와 같은 사고방식, 즉 '추측통계학'은 일상생활의 여러 장면에서 볼 수 있다.

'모집단'에서 한편으로 치우치지 않도록 무작위로 추출한 '표본'을 조사함으로써, '모집단' 전부를 조사하지 않고도 전체를 추측하는 것은, 된장국 간

제5장
추측통계학에 대해 알아보자

통계에서 전체를 정확하게 파악하기 위해 모집단에서 추출하는 표본은 어느 한 편으로 치우치면 안 돼요.

보기를 떠올리면 이해할 수 있을 것이다.

통계학과 된장국 간 보기의 관계를 이해할 수 있다면, 모집단에서 일부만 추출한 표본으로도 전체를 파악할 수 있다는 점을 충분히 이해할 수 있을 것이다.

제6장에서는 통계학과 된장국 맛보기의 관계로부터 전체를 알아보는 'TV 시청률', '강수확률', '선거 속보' 등 일상생활과 밀접한 통계를 소개한다.

통계학은 생활과 별로 관계없는 학문이라 생각하기 쉽지만, 사실 매일같이 그 혜택을 받고 있다.

## 통계 숫자로 일상생활 바라보기 ②

일상생활에 특히 관계가 있는 정보로, 일본 통계국이 매달 실시하는 '노동력 조사', '가구조사', '소매 물가 통계 조사'가 있다. 이러한 통계 데이터를 통해 '완전 실업률', '가계수지', '소비자물가지수' 등을 알 수 있다. 고용, 소비, 물가와 관련하여 최신 일본 상황을 도출하기 위해 활용된다. '소비자물가지수'는 상품 가격이 계속 내려가고, 경기가 하락 경향을 보이는 디플레이션 사회인 현재 상황에서 회복되고 있는가 여부를 알아보는 중요한 지표이다.

일본 연호가 헤이세이(1989~2019년)에서 레이와(2019년~)로 바뀌는 시대를 맞이하며, 생활용품을 비롯하여 물가가 약간 상승했는데, 어느 정도 상승했는지를 올바로 파악하기 위해 필요한 것이 통계이다. 최근 과학 분야에서 자주 사용되는 '증거'는 통계로 얻은 데이터가 주류를 이룬다.

상품이 팔리지 않으면 가격을 내려야 한다. 기업은 수익이 감소하므로 노동 생산성을 높고 인건비(임금)를 줄이려고 한다. 임금이 올라가지 않으면 사람들은 소비를 줄이므로 상품 가격을 더 내리게 된다. 디플레이션 악순환에서 벗어났는지 어떠한지. 현재 상황을 판별하는 통계 데이터가 '소비자물가지수'이다.

이러하듯 통계 데이터는 우리의 일상생활과 정치에 밀접한 관계가 있다.

# 제 6 장

## 일상생활과 밀접한
## 통계학

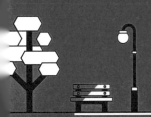

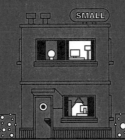

## 34 TV 시청률은 어떻게 산출할까?

TV 시청률은 도대체 어떻게 조사하는 걸까. 일본 지상파 방송국 니혼TV의 광고 가이드 홈페이지에 따르면, 일본의 방송 지역은 현재 32지구로, 각각의 지역별로 조사한다. 지구별로 조사 가구 수가 다르며, 간토 지구에서는 900가구, 간사이 지구와 나고야 지구에서는 600가구, 그 외의 지구에서는 200가구를 대상으로 조사한다.

간토 지구의 가구 수는 약 1,800만 가구 정도이다. 그중 조사 대상이 되는 샘플 수는 900가구이므로 약 0.005% 정도 비율이다.

시청률 조사는 통계 이론에 따라 표본조사로 산출하므로 통계상으로는 오차가 발생한다. 그렇기에 오차를 고려해야 한다. 앞서 언급한 홈페이지에 따르면 정규분포는 【도표 A】와 같으며 신뢰구간은 95%이다. 오차의 한계는 $\pm 2 \sqrt{\dfrac{\text{가구시청률}(1 - \text{가구시청률})}{\text{표본 수}}}$ 로 구할 수 있다. 간토 지구 900가구의 조사 데이터로 산출한 시청률이 10%인 경우, 오차의 한계는 2%가 된다. 오차는 조사 대상의 가구 수를 늘리면 개선할 수 있다. 이처럼 통계학의 방식을 잘 활용하면 0.005% 정도 되는 표본으로도 전체를 예측할 수 있다.

요즘에는 실시간으로 시청하는 사람과 더불어 프로그램을 녹화하여 즐기는 사람도 늘고 있다. 시청률이란 실시간으로 시청 중인 비율을 나타내는 값이며, 이 값에 녹화 등으로 다른 시간에 시청하는 데이터를 더하고, 중복된 값을 뺀 것을 '종합시청률*'이라 한다.

---

\* 이는 일본에 해당하는 것으로, 우리나라에는 방통위에서 실시하는 스마트폰, 인터넷 시청률 등을 합산한 통합시청률과 TNMS에서 실시하는 재방송, IPTV VOD를 합산한 TTA 데이터 등이 있다고 한다. - 역주

## 시청률 산출 방법

| 간토 지구 | 간사이 · 나고야 지구 | 기타 지구 |
|:---:|:---:|:---:|
| **900가구** | **600가구** | **200가구** |

## 시청률을 가구 단위로 조사한다.

【도표 A】 900가구에서의 오차

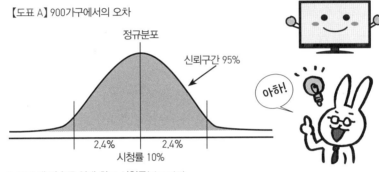

정규분포

신뢰구간 95%

아하!

2.4%   2.4%
시청률 10%

◆ 도쿄 내 방송국 역대 최고 시청률(간토 지구)

| 방송국 | 프로그램명 | 방송일 | 시청률 |
|:---:|:---|:---:|:---:|
| NHK | 제14회 NHK 홍백가합전 | 1963년 12월 31일 | 81.4% |
| 니혼TV | 일본 프로레슬링 중계<br>(리키도잔 vs 디스트로이어) | 1963년 5월 24일 | 64.0% |
| TV아사히 | 2006년 FIFA 월드컵<br>일본 vs 크로아티아 | 2006년 6월 18일 | 52.7% |
| TBS | 2010년 FIFA 월드컵<br>일본 vs 파라과이 | 2010년 6월 29일 | 57.3% |
| TV도쿄 | 1994년 FIFA 월드컵<br>아시아 지역 최종 예선(도하의 비극**) | 1993년 10월 28일 | 48.1% |
| 후지TV | 2002년 FIFA 월드컵<br>일본 vs 러시아 | 2002년 6월 9일 | 66.1% |

한마디메모

전국 방송망에서 시청률 10%라고 하면 국민의 약 10%,
약 1,300만 명의 사람들이 시청 중이라고
생각하기 쉬운데, 시청률은 가구 수로 계산하기 때문에
시청 명수로 나누기는 어려워요.

** 우리나라에서는 '도하의 기적'이라고 불린다. – 역주

TV 시청률은 어떻게 산출할까?

# 35 강수확률 20%인데 왜 비가 내릴까?

일상생활에서 매일같이 듣는 강수확률은 도대체 어떠한 것일까? 강수확률이란 특정 지역에서 특정 시간대에 1mm 이상의 비 또는 눈이 내릴 확률을 말하며, 0~100% 중에서 10% 간격으로 발표한다. 기록에 따르면 일본에서는 1980년쯤에 5% 미만이라는 수치도 발표했다고 한다.

강수확률 20%일 때 내리는 비의 양이 강수확률 50%일 때보다 많은 경우가 있듯이 강수확률은 강수량과는 관계없다. 즉 강수확률이 100%라고 해서 호우가 쏟아지는 것이 아니며, 반대로 강수확률이 50%여도 호우가 쏟아지는 경우도 있다.

그렇다면 강수확률이 20%임에도 비가 내리고, 강수확률이 50%를 넘어도 비가 내리지 않는 것은 왜 그럴까? 그것은 기온과 구름의 상태 등 현재 상황의 일기도와 비슷한 과거의 데이터를 대조하여 어느 정도 확률로 비나 눈이 내릴지 분석하고, 이를 수치화하여 예상하기 때문이다. 강수확률 80%라고 해서 반드시 비가 내리지 않으며, 또한 강수확률 20%여도 비가 내리기도 한다. 그렇지만 예보에서 강수확률이 20%라 했을 때 비가 내리면 당연히 분석 데이터를 갱신하며 차차로 데이터가 축적되기 때문에, 해를 거듭할수록 정밀도가 높아진다.

여기서 하나 주의해야 할 점이 있다. 강수확률 0%여도 비가 내릴 가능성이 있다는 점이다. 앞서 말했듯이 예전에는 강수확률 5% 미만이라 발표하는 방법이 존재했지만, 현재에는 없다. 강수확률 5% 미만일 때도 시스템상 강수확률이 0%라고 발표하므로 진정한 의미로는 0%가 아니며, 비가 내리는 경우도 있다.

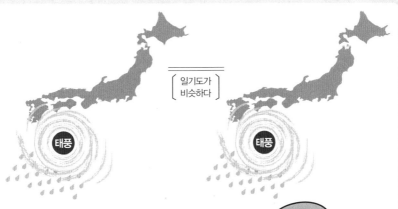

일기도가
비슷하다

이러한 일기도일 때
과거의 데이터로
비가 내릴 확률을 분석

강수확률 70%라고 해서 반드시 비가 내리는 것은 아니다.

| 강수확률 | 강수량 |

강수확률은 강수량과 상관없다.

강수확률은 과거의 통계 데이터로 분석한 1mm 이상의
비나 눈이 내릴 확률이에요!

한마디 메모

강수확률 예보는 1980년 도쿄에서 처음으로 했다고
해요. 그 후 1982년에는 전국으로 도입됐어요.
예측 강수량은 '강수량 예보'로 발표해요.

## 36 개표한 지 1분 만에 어떻게 '당선 확실' 속보를 낼 수 있을까?

선거 속보로 투표가 마감한 지 겨우 1분 또는 몇 초 만에 '당선 확실' 뉴스가 나온다. 거의 개표하지도 않았는데 어떻게 '당선 확실'인지 알 수 있었을까?

여기에는 통계의 수법이 사용됐다. 통계 조사에는 전부 조사하는 '전수조사'와 일부를 골라 조사하는 '표본조사(샘플조사)'가 있다고 했었다. 선거로 보면 개표를 전부 종료한 결과가 '전수조사'에 해당하며, 일부 조사 대상(유권자)을 조사하여 그 결과로부터 전체를 추측하는 것이 '표본조사'에 해당한다. '당선 확실' 속보는 '표본조사'로 구한 결과이다.

조사 대상을 모집단(전체 표)에서 무작위로 골라 조사하기만 해도 모집단(전체 상황)을 추측할 수 있다(102쪽 참조). 개표 속보에는 투표 전에 투표 활동을 조사하는 사전 조사에 따른 데이터도 가미된다.

동시에 선거에서 중요한 포인트는 출구조사이다. 실제로 투표한 유권자를 직접 조사한 데이터이다. 일본에서는 1992년 참의원* 선거부터 본격적인 출구조사가 시작되었다.

통계학에서는 만 명의 투표 동향을 조사할 때 96명을 조사하면 전체의 동향은 파악할 수 있다고 여긴다. 1%가 안 되게 조사하면 어느 정도 전모가 보이는 것이다.

개표한 지 1분 만에 당선이 확실하다고 예측할 수 있는 이유는, 통계학의 수법을 이용하여 표본조사에서 보인 전모를 사전 조사와 출구조사의 데이터를 이용하여 분석하고, 실제 개표 동향으로부터 한발 앞서 '당선 확실' 결과를 낼 수 있기 때문이다.

---

\* 일본 국회를 이루는 의원 중 하나로, 미국 상원에 해당한다—역주

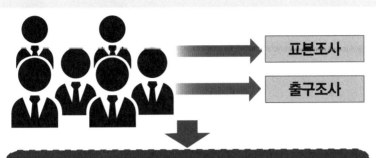

| 표본조사 |
| 출구조사 |

일부의 결과를 조사하여 전체의 동향을 파악한다.

96명을 조사

약 1%의 조사로 전체를 파악할 수 있다.

투표함

모집단: 만 명

당선 확실 결과는 통계학의 표본조사를 바탕으로 나온다.

선거의 투표 결과는 통계학 이론을 활용함으로써 개표율 단 1%로도 추측할 수 있어요!

한마디 메모

대중매체 기관 등이 실시하는 선거 출구조사 결과는 유권자의 투표 행동이 바뀌는 것을 방지하기 위해 기본적으로 투표 마감 시각 또는 마감이 끝난 후에 발표해요.

개표한 지 1분 만에 어떻게 '당선 확실' 속보를 낼 수 있을까?

# 37 여론조사 절차와 분석 방법

'여론조사'란 일본 내각부의 홈페이지에 따르면 '정부의 시책에 관한 여러분의 의식을 파악하기 위해 실시합니다. 조사는 전국에서 통계적으로 선발된 수천 명의 분들을 대상으로 조사원이 방문하여 면접을 통해 실시합니다'라고 되어 있다. 즉 모집단에서 무작위로 추출한 데이터로 전체의 동향을 조사하는 것으로, 다시 말하면 여기서도 통계학이 이용된다. 그렇지만 무작위라고 해서 한편으로 치우친 대상자를 상대로 조사를 해서는 의미가 없다.

예를 들면 번화가에서만 음주 여부 비율을 알아보는 조사를 했다고 하자. 번화가에 오는 사람들은 대개 술을 마실 확률이 원래부터 높다. 이 조사에서 음주율이 80%가 넘는 결과가 나왔다 해도 이는 정확한 통계 데이터라 할 수 없다. 왜냐하면 조사 대상자, 즉 표본이 한편으로 치우쳤기 때문이다. 조사 대상에 편향이 없어야 하므로 무작위 추출을 해야 하는데, 이것은 모집단의 모든 요소를 대상으로 하여 무작위로 추출하는 방법이다.

무작위 추출의 가장 기본적인 방법은 '단순 무작위 추출법'이라 한다(도표 A 참조). 그리고 첫 번째 조사 대상을 무작위로 고른 후, 두 번째부터는 일정 간격으로 추출하는 '계통 추출법'이 있다(도표 B 참조). 더불어 모집단을 미리 몇 개 그룹으로 나누고 각각의 그룹에서 단순 무작위 추출을 하는 '층화 추출법'도 있다.

여론조사에서는 각 지역과 자치제별로 나누어 각각의 그룹에서 데이터를 수집하여 분석하는 방법을 채용하고 있다. 민간 여론조사는 우편과 전화 등의 방법을 취하는 경우가 많다고 한다.

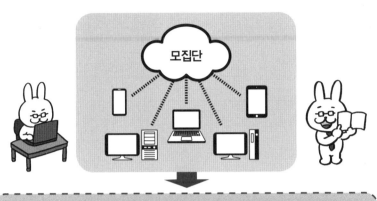

여론조사는 모집단에서 무작위로 데이터(개체)를 추출하여 조사한다.

【도표 A】단순 무작위 추출법

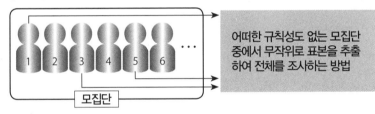

어떠한 규칙성도 없는 모집단 중에서 무작위로 표본을 추출하여 전체를 조사하는 방법

【도표 B】계통 추출법

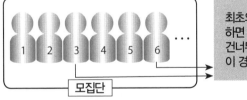

최초의 조사 대상을 3이라 하면 두 번째부터는 세 명씩 건너뛰며 추출하는 방법. 이 경우 세 번째는 9가 된다.

한 마 디 메 모

일본에는 '내각 지지율'이라는 여론조사가 있어요. 내각 지지율이 올라갔다 내려갔다 해요. 헤이세이 시대에 최저 지지율을 기록한 것은 모리 내각으로 7~9%, 최고 지지율은 고이즈미 내각으로 약 80%를 넘었어요.

## 38  POS 데이터를 이용하여 통계적으로 잘 팔리는 상품 분석하기

'POS 데이터'라는 말을 들어 본 적이 있는가? POS 데이터의 POS란 Point−Of−Sales(포인트 오브 세일즈)의 약어로, 편의점과 슈퍼 등에서 물건을 살 때 소비자가 몇 살 정도인지 어떠한 물건을 샀는지 등 상품의 구입 데이터 등을 말한다.

POS 데이터에는 '언제', '누가', '몇 개', '무엇이' 팔렸는지 등 판매 데이터가 축적되고, 이 데이터를 분석함으로써 상품의 매입 관리와 매상 예측 등을 효율적으로 할 수 있게 된다. 예를 들어 편의점은 기온과 날씨 데이터 등도 더하여 가게에 진열하는 도시락의 종류와 양을 예측하여 판매한다. 초봄에 25℃를 넘는 기온이 예측될 경우, 당연히 따뜻한 상품보다 차가운 상품이 팔리는 경향을 보일 것이다. 이에 평소의 POS 데이터를 더하여 판매 전략을 세운다.

온라인 쇼핑을 이용하면 '당신에게 이 상품을 추천합니다' 등이 표시되는 경우가 있을 것이다. 이것도 지금까지 당신의 구매 활동을 분석하고, 그와 비슷한 고객의 구매 활동을 대조하여 추천 상품을 제시하는 것이다.

맥주를 산 사람이 대체로 땅콩을 샀다는 데이터가 축적되어 있다고 하면, 맥주를 사기만 해도 '땅콩을 추천합니다' 하고 상품을 선전한다.

POS 데이터 관리에 따라 효율적으로 판매 전략을 세우면 매입뿐만이 아니라 인원 배치 등에도 활용할 수 있고, 상품 손실을 방지할 뿐만 아니라 인건비 절약으로도 이어진다. 이러하듯 POS 데이터는 우리의 생활해 밀접해 있다.

## POS 데이터의 구조

언제 | 누가 | 몇 개 | 무엇이

판매 데이터를 축적하여 통계적으로 전체를 파악한다.

상품을 어느 정도 매입하면 좋을지,
또한 상품의 매상이 어느 정도 나올지
예측할 수 있다.

땅콩을 산다.

캔 맥주 하이볼을 산다.

에다마메*를 산다.

감자칩을 산다.

무엇을 함께 구매하는 경향을 보이는지 알 수 있다.

POS 데이터는 효율적으로 매상을 늘리기 위해
상품을 관리하거나 인원을 배치하는 데도
활용할 수 있는 중요한 데이터예요!

한마디 메모

Firefox는 해킹 피해 등에 따른
개인 정보 유출과 관련하여 자신의 메일 계정이 해당하는지
확인할 수 있는 서비스를 시작했어요.
'Firefox Monitor'란 편리한 서비스예요.

*풋콩으로, 우리나라에서 맥주의 안주로 쉽게 과자를 떠올리듯이, 일본에서는 콩깍지째로 삶은 에다마메
를 떠올린다-역주

# 39 마권과 복권 중 어느 것이 이득일까?

통계학 관점으로 단순히 볼 때 마권과 복권 중 어느 것이 더 이득을 볼 가능성이 높을지 생각해 보자.

여기서는 확률론의 '기댓값'이라는 개념이 중요해진다. 기댓값이란 도대체 어떠한 숫자일까? 주사위를 던져서 나온 숫자에 따라 상금을 받을 수 있는 게임이 있다고 하자. 숫자에 따라 받을 수 있는 금액은 【도표 A】와 같다. 이 게임의 기댓값은 $20 \times \frac{1}{6} + 50 \times \frac{1}{6} + 100 \times \frac{1}{6} + 100 \times \frac{1}{6} + 150 \times \frac{1}{6} + 150 \times \frac{1}{6} = 95$가 된다. 참가비가 100엔이라 하면 이 게임은 1회당 5엔씩 잃는다는 계산이다.

이는 확률론 및 통계학의 기본 정리 중의 하나인 '큰수의 법칙'으로도 증명되었다. '큰수의 법칙'이란 동전을 던져 앞뒤를 맞추는 게임처럼 앞이 나올 확률이 2분의 1이라 정해져 있을 때, 던지는 횟수가 늘면 늘수록 앞이 나올 확률은 2분의 1에 가까워진다는 법칙이다. 주사위를 던졌을 때 각각의 숫자가 나올 확률은 6분의 1이므로 앞서와 같은 게임의 기댓값을 구할 수 있다.

복권은 전체 매출의 약 48% 정도가 상금으로 돌아간다. 기댓값은 한 장에 100엔짜리 복권이라면 48엔, 연말 점보 복권처럼 한 장에 300엔짜리 복권이라면 기댓값은 144엔이 된다.

마권 같은 경우 환급금에 할당하는 비율은 평균 75%이다(마권 종류에 따라 다소 다르다). 마권의 최저 단위는 100엔이므로 기댓값은 75엔이 된다(지방 경마에서는 50엔 단위도 있다). 투자 100에 대한 기댓값이 100 미만인 도박은 오래 계속하면 최종적으로 잃게 될 듯하다.

【도표 A】

● = 20엔　　: = 50엔　　: = 100엔

: = 100엔　　:: = 150엔　　:: = 150엔

$$20 \times \frac{1}{6} + 50 \times \frac{1}{6} + 100 \times \frac{1}{6} + 100 \times \frac{1}{6} + 150 \times \frac{1}{6} + 150 \times \frac{1}{6} = 95$$

기댓값은 95엔

참가비가 100엔이라 가정하면
이 게임은 1회당 100-95로 5엔씩 잃는다는 계산이에요.

## 동전을 던져서 앞이 나올 확률 구하기

 앞　 뒤　 뒤　 앞　 앞　앞　뒤　 뒤  …

던질수록 앞이 나올 확률이 $\frac{1}{2}$ 에 가까워진다.

## 큰수의 법칙

도박에서 건 돈에 대한 돌아올 금액의 기댓값이란,
되돌아올 '예정'인 금액을 말해요!

한마디메모

'큰수의 법칙' 방식은 중요하기도 하며 경제, 금융,
선거 속보, 보험 등 많은 곳에서 활용되고 있어요.
통계학의 기본 정리 중의 하나인 '큰수의 법칙'은
일상생활에 녹아들어 있어요.

# 40 베이즈 통계학은 예측의 학문 ①

토머스 베이즈(63쪽 참조)의 방식은 다른 통계학자와는 다른 특수한 이론이다. 통계란 모집단에서 표본을 추출하여 그 표본의 분석 결과로부터 모집단 전체의 모습을 도출한다. 그렇지만 베이즈의 방식은 표본뿐 아니라 사전 지식과 경험까지 활용한다.

베이즈의 방식은 새로운 지식과 경험을 흡수하면 지금까지의 지식과 경험을 수정하여 새로운 사고방식을 가지게 된다는 점이 인간의 뇌와 비슷하다. 이러한 사고방식을 바탕으로 인간은 다양한 행동을 일으키는데, 더 나아가 새로운 지식과 경험을 흡수하면 다시금 지식과 경험을 수정한다.

최근 자주 접하는 'AI'의 사고방식도 베이즈 통계학이 기반이 되었다 할 수 있다. 장기와 바둑 분야에서는 'AI'의 분석 데이터가 인간의 뇌를 상회하는 경우도 보인다. 지금까지의 대전으로부터 많은 데이터, 이른바 빅데이터를 해석하여 확률적으로 다음의 한 수를 어떻게 두면 가장 효과가 있을지 순식간에 계산하여 판단을 내린다.

마케팅 분야에서도 베이즈 통계학이 활용된다. 어느 연령대가 어떠한 구매 활동을 하는지, 그 데이터로부터 어떠한 상품이 인기가 많은지 산출하여 신상품 개발에 활용한다(40쪽 참조).

베이즈의 통계 이론은 다른 통계학자의 방식과는 달랐기 때문에 발표한 당시에는 인정받지 못했다. 베이즈 통계학이 사람들로부터 인정받기 시작한 후로 약 50년이라는 세월밖에 흐르지 않았다. 그렇지만 요즘 세상에서는 다양한 곳에서 베이즈 통계학 방식이 사용되고 있다. 참고로 베이즈 통계학을 지지하는 사람들을 '베이지안'이라 부른다.

## 베이즈의 방식

현재의 통계 데이터 →**표본 분석**→ 미래를 예측

**표본을 세세히 분석하지 않고 목적을 도출해 간다.**

많은 대전
데이터를 축적
→
다음의 한 수는
무엇이 가장 유효한지
도출한다!

장기 · 바둑

A I

**베이즈 통계학**  **인공지능 개발**

↓

**현대 사회에서 베이즈 통계학은 중요한 요소가 되었어요!**

베이즈 통계학이란 주어진 데이터를 불변한 것으로
인식하고, 그로부터 변화한 모집단의 모습을
추측해 가는 방식이에요!

한마디 메모

현재 '베이즈의 정리'로 알려진 내용 중에는
프랑스의 수학자인 리플라스가 체계화한 부분이 많기 때문에,
'베이즈의 정리'는
리플라스가 발단이 되었다는 견해도 강해요.

베이즈 통계학이 활용되는 대표적인 예로 스팸 메일의 필터링 기능을 들 수 있다. 스팸 메일이란 모르는 사람이 일방적으로 무차별하게 보내는 이메일을 말하는데, 필터링은 이러한 이메일을 자동으로 판별하여 분류하는 기능이다. 드물게 지인이 보낸 이메일을 스팸 메일로 분류하는 경우도 있기는 해도 훌륭한 정확성을 발휘한다. 필터링은 과거의 스팸 메일에 사용된 문장 등을 분석하고 이를 수치화하여, 기준값을 넘은 것을 스팸 메일로 판별하여 분류한다.

가위바위보를 생각해 보자. 누군가와 가위바위보를 할 때 '이기고', '지고', '비기는' 세 가지 패턴밖에 존재하지 않으므로 이길 확률은 3분의 1이다. 이와 같은 3분의 1이라는 확률이 일반적인 통계학의 방식이다.

베이즈 통계학에서는 실제로 그 친구와 몇 번 가위바위보를 하고 그 결과를 분석하여, 다음에 가위바위보를 할 때 어느 정도의 확률로 이길 수 있을지를 수치화하는 방식이다. 가위바위보를 몇 차례 반복한 결과 상대가 보자기를 내는 빈도가 높다고 판단한 경우, 가위를 내면 이길 가능성이 높으므로 이길 확률이 3분의 1을 넘는다고 생각한다. 베이즈는 이러한 경우별로 유연한 발상을 하며 일어날 수 있는 확률을 계산해 가는 방식을 취했다.

TV에서 강수확률이 20%라 했음에도 불구하고 막상 밖에 나가면, 하늘 가득 검은 구름이 껴 있어서 우산을 가지고 나간 적이 없는가? 사전 확률이 20%임에도 불구하고 구름이 출현함에 따라 자신의 두뇌에서 강수확률이 수정되었기 때문에, 우산을 가지고 나간다는 선택을 한 것이다.

스팸 메일에 사용되는 문장을 분석한다.

문장을 분석한 결과에 따라 메일을 분류한다.

**베이즈 통계를 스팸 메일의 필터링에 활용하고 있다.**

몇 차례 가위바위보를 한다. + 가위바위보 결과를 분석한다. → 무엇을 내면 이길 확률이 높을지 계산한다.

| 베이즈 통계학 | 미래를 예측 |

**통계 데이터가 불충분해도 확률을 도출할 수 있다.**

 베이즈의 통계 방식은 스팸 메일 분류 등 컴퓨터 기능, 경제학, 심리학, AI 개발 등 다방면으로 활용되고 있어요!

한마디 메모

제창자인 토머스 베이즈가 세상을 떠난 지 약 100년 이상의 세월이 지나서야, 영국의 수학자 프랭크 램지에 의해 베이즈 통계학이 제창되었고 현재에 이르렀어요.

다른 사람에게 이야기하고 싶어지는 통계학 ⑦

# 베이즈 통계학을 응용하면 도박에서 이길 수 있다?

베이즈 통계학은 실제로 존재하는 확률을 바탕으로 앞으로 일어날 수 있는 확률을 추측하는 방식으로, 새로운 데이터를 더함으로써 추측하는 확률의 정밀도가 더욱 높아진다.

베이즈의 방식을 응용하면 투자 100에 대한 기댓값이 100을 넘지 않는, 이른바 '오래 하면 잃는다'는 도박 세계에서 계속 이기는 것도 꿈은 아니다.

예를 들면 경마에는 고배당 마권이 있다. 고배당 마권에는 크게 나누어 세 가지 패턴이 있다.

첫 번째가 '데이터상 노릴 수 있는 고배당 마권', 두 번째가 '인기 있는 말이 진 고배당 마권', 세 번째가 '예상 밖의 고배당 마권'이다.

세 패턴 중에서 '데이터상 노릴 수 있는 고배당 마권'으로 목표를 좁히고 그 확률을 이끌어낸다. 이를 바탕으로 추측되는 확률을 상정하면 효율적으로 고배당 마권에 적중할 수 있다고 생각할 수 있다.

베이즈 통계학은 앞으로 일어날 수 있는 현상을 과거의 데이터로부터 추측할 수 있다는 특징이 있다. '큰수의 법칙'에 따르면 기댓값이 100을 넘지 않는 경마에서 아무 생각 없이 오랫동안 계속 마권을 사면 마이너스, 즉 잃

데이터를 분석하는 일이 보다 중요해진 정보화 사회에서 베이즈의 방식이 다방면으로 활용되고 있어요.

게 된다. 그렇지만 현실에서는 마권으로 계속 따는 사람도 있다.

　마권 재판으로까지 발전하여 대중매체에서 화제가 된 오사카의 남성 이야기는 유명하다. 총 약 28억 엔어치 마권을 구매하여 약 1억 5,000만 엔의 이익을 얻었다. 그는 독자적인 방법으로 경마에서 이기는 방법을 현실로 만든 것이다. 과거의 데이터를 분석하고 그로부터 일어날 수 있는 현상을 추측했을 것이다. '베이즈의 정리' 방식을 응용한 마권 구입법이지 않았을까?

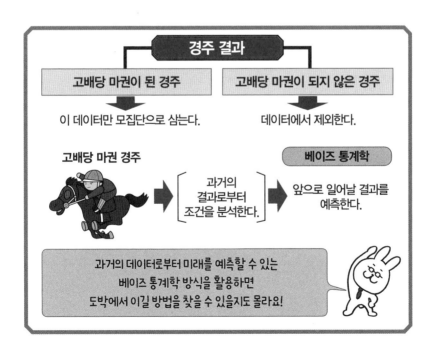

# 빅맥지수에서 경제가 보인다

영국의 경영 전문 잡지 〈이코노미스트(The Economist)〉가 1986년 9월에 고안한 이래로, 같은 잡지에서 매년 보고되는 지수가 '빅맥지수'이다.

맥도날드에서 판매 중인 빅맥은 많은 나라에서 거의 동일한 품질(실제로는 나라에 따라 다소 다르다)의 제품을 판매하며 원재료비, 점포 광열비, 점원 노동 임금 등 다양한 요소를 토대로 가격을 정한다. 그렇기에 빅맥이 판매되는 각 나라의 구매력을 비교하는 데 도움 된다.

일본에서 빅맥이 300엔, 미국에서 3달러에 판매된다고 하자. 300엔÷3달러=100엔이 되고, 1달러=100엔이 빅맥지수가 된다. 만약 당시 환율이 1달러 110엔이라고 하면, 환율 시세는 빅맥지수에 비해 엔저가 되고, 이후에는 100엔을 향해 엔고가 진행될 것이라는 등을 추리할 수 있다. 동시에 각 도시에서 빅맥 한 개를 사는 데 필요한 노동 시간을 산출함으로써, 각 도시의 물가에 비례한 임금 수준을 추측할 수 있다.

· 《데이터 분석에 필요한 통계 교과서》 (하야마 히로시 저 / 임프레스)
· 《도움이 되는 심리학 이야기》 (뉴턴프레스)
· 《디튼의 경제 이론》 (오타니 기요후미 편저 / 도쿠마 서점)
· 《만화로 배우는 통계학 입문》 (다키가와 요시오 저 / 신성출판사)
· 《만화로 배우는 통계학》 (고바야시 가쓰히코 감수 / 이케다 서점)
· 《문과생도 이해되는 통계 분석》 (스도 고스케, 후루이치 노리토시, 혼다 유키 저 / 아사히신문출판)
· 《빅데이터를 지배하는 통계의 힘》 (니시우치 히로무 저 / 다이아몬드사)
· 《생활에 도움이 되는 고등학교 수학》 (사타케 다케후미 감수 / 일본문예사)
· 《수학$I$ · 수학$B$》 (동경서적)
· 《쉽게 배우는 통계학을 위한 수학》 (노마드웍스 저 / 나쓰메사)
· 《심리학을 위한 통계학 입문》 (가와하시 잇코, 쇼지마 고지로 저 / 세이신쇼보)
· 《완전 독습 통계학 입문》 (고지마 히로유키 저 / 다이아몬드사)
· 《일본의 모습 2019》 (야노쓰네타기념회)
· 《일상의 무기가 되는 수학 초능력: 확률편》 (노구치 데쓰노리 저 / 일본문예사)
· 《잠 못들 정도로 재미있는 경제 이야기》 (가미키 헤스케 저 / 일본문예사)
· 《잠 못들 정도로 재미있는 수와 수식 이야기》 (고미야마 히로히토 감수 / 일본문예사)
· 《조금쯤 똑똑해지는 수식 이야기》 (가사쿠라 출판사)
· 《조금쯤 똑똑해지는 확률과 통계 이야기》 (요코야마 아스키 감수 / 가사쿠라 출판사)
· 《처음 시작하는 만화 통계학》 (오오가미 타케히코 저 / $SB$크리에이티브)
· 《통계의 기본》 (뉴턴프레스)
· 《통계학 이해하기》 (고고 치하루 · 도미나카 아쓰코 저 / 기술평론사)
· 《'통계' 읽는 법 · 생각하는 법》 (간바야시 히로시 저 / 미네르바쇼보)
· 《통계학 초 입문》 (다카하시 요이치 저 / 아사출판)
· 《한 권으로 마스터하기 대학 통계학》 (이시이 도시아키 저 / 기술평론사)
· 《확률의 기본》 (뉴턴프레스)

잠 못들 정도로 재미있는 이야기

# 통계학

2021. 6. 3. 초 판 1쇄 인쇄
**2021. 6. 8. 초 판 1쇄 발행**

감　수 │ 고미야마 히로히토(小宮山 博仁)
감　역 │ 정석오
옮긴이 │ 박수현
펴낸이 │ 이종춘
펴낸곳 │ [BM] ㈜도서출판 **성안당**
주소 │ 04032 서울시 마포구 양화로 127 첨단빌딩 3층(출판기획 R&D 센터)
　　　│ 10881 경기도 파주시 문발로 112 파주 출판 문화도시(제작 및 물류)
전화 │ 02) 3142-0036
　　　│ 031) 950-6300
팩스 │ 031) 955-0510
등록 │ 1973. 2. 1. 제406-2005-000046호
출판사 홈페이지 │ **www.cyber.co.kr**
ISBN │ 978-89-315-8964-1 (03410)
　　　　 978-89-315-8889-7 (세트)
**정가 │ 9,800원**

**이 책을 만든 사람들**
책임 │ 최옥현
진행 │ 최동진
본문 · 표지 디자인 │ 이대범
홍보 │ 김계향, 유미나, 서세원
국제부 │ 이선민, 조혜란, 김혜숙
마케팅 │ 구본철, 차정욱, 나진호, 이동후, 강호묵
마케팅 지원 │ 장상범, 박지연
제작 │ 김유석

www.cyber.co.kr
성안당 Web 사이트

"NEMURENAKUNARUHODO OMOSHIROI ZUKAI TOKEIGAKU NO HANASHI"
supervised by Hirohito Komiyama
Copyright ⓒ NIHONBUNGEISHA/Hirohito Komiyama 2019
All rights reserved.
First published in Japan by NIHONBUNGEISHA Co., Ltd., Tokyo

This Korean edition is published by arrangement with NIHONBUNGEISHA Co., Ltd.,
Tokyo in care of Tuttle-Mori Agency, Inc., Tokyo through Duran Kim Agency, Seoul.

Korean translation copyright ⓒ 2021 by Sung An Dang, Inc.

이 책의 한국어판 출판권은 듀란킴 에이전시를 통해 저작권자와
독점 계약한 [BM] ㈜도서출판 **성안당**에 있습니다. 저작권법에 의하여
한국 내에서 보호를 받는 저작물이므로 무단전재와 무단복제를 금합니다.